U0133856

常见数控系统宏程序编程方法、技巧与实例

华中数控系统宏程序编程方法、技巧与实例

叶海见　金维法　何财林　编著

机械工业出版社

本书围绕当前常见的 HNC—21/22M 华中世纪星数控系统的宏程序编程设计展开。全书分两篇共 11 章。第 1 篇（第 1 ~ 3 章）为华中数控系统编程基础知识，介绍常规手工编程方法及应用实例，作为手工编程入门指导。第 2 篇（第 4 ~ 11 章）为华中数控系统宏程序编程相关知识，首先介绍编制宏程序所需基础知识，阐述华中数控系统宏指令调用格式和特点；之后给出编制宏程序的流程图，重点介绍借助 UG 软件绘制工程曲线和进行坐标旋转及平移变换；最后详尽剖析典型零件宏程序编程技巧，同时列举了大量编程实例。

本书是一本实用性非常强的数控编程技术用书，可供数控行业的工程技术人员、数控加工编程及操作人员参考，也可供各类大中专院校、技工学校机电一体化专业、数控专业及相关专业的师生使用。本书还可作为各类竞赛和国家职业技能鉴定数控高级工、数控技师、高级技师的参考书。

图书在版编目（CIP）数据

华中数控系统宏程序编程方法、技巧与实例/叶海见等编著．—北京：机械工业出版社，2013.1

（常见数控系统宏程序编程方法、技巧与实例）

ISBN 978-7-111-40144-5

Ⅰ.①华…　Ⅱ.①叶…　Ⅲ.①数控机床 - 程序设计　Ⅳ.①TG659

中国版本图书馆 CIP 数据核字（2012）第 249008 号

机械工业出版社（北京市百万庄大街 22 号　邮政编码 100037）

策划编辑：周国萍　责任编辑：周国萍　王彦青

版式设计：霍永明　责任校对：刘　岚

封面设计：路恩中　责任印制：乔　宇

北京瑞德印刷有限公司印刷（三河市胜利装订厂装订）

2013 年 1 月第 1 版第 1 次印刷

169mm × 239mm · 12.25 印张 · 208 千字

0001—2500 册

标准书号：ISBN 978-7-111-40144-5

定价：36.00 元

凡购本书，如有缺页、倒页、脱页，由本社发行部调换

电话服务	网络服务
	策划编辑（010）88379733
社服务中心：(010)88361066	教材网：http://www.cmpedu.com
销售一部：(010)68326294	机工官网：http://www.cmpbook.com
销售二部：(010)88379649	机工官博：http://weibo.com/cmp1952
读者购书热线：(010)88379203	**封面无防伪标均为盗版**

前　言

随着计算机技术、控制技术的迅猛发展以及产品更新换代的加快，数控机床的应用范围更加广泛，在机械加工中的应用也日益普遍。实际生产中，数控车床和数控铣床是应用最多的两类机床，国内常用的数控系统是华中、FANUC、SIEMENS 等。

目前，各数控系统厂家所提供的宏程序、参数编程功能并没有得到广泛应用。而且，市场上介绍此功能的书籍也相对较少。鉴于此，编者通过理论梳理，并把亲身实践的、在机床加工中成功运用的实例编写成书，奉献给广大读者，帮助读者提高编程的方法及技巧。本书虽只针对华中数控系统编写，但书中内容也适用于其他数控系统编制宏程序时参考。

本书详细讲解了借助 UG 软件绘制工程曲线和进行坐标旋转及平移变换的知识，使宏程序编程变得更加易于理解。

参加本书编写的有叶海见、金维法、何财林，都是来自教学第一线的老师，也都是数控加工技师，同时又是多次全国数控技能大赛的导师或选手，具有丰富的数控编程及加工经验。

本书在编写过程中得到了浙江工业职业技术学院丁昌滔、胡晓东两位老师的大力支持，在此表示感谢。

由于编者水平所限，书中如有不足之处，敬请使用本书的读者批评指正，以便修订时改进。如读者在使用本书的过程中有其他意见或建议，恳请向编著者（shukong18@ sina. com）踊跃提出宝贵意见。

编著者

目　录

第1篇

华中数控系统编程基础知识

第1章　数控机床及加工程序编制概述

1.1　数控加工和数控机床概述

数控加工是指对产品、零件的制造过程利用计算机进行数字控制的加工，是机械制造中的先进加工技术。数控加工的广泛应用给机械制造业的生产方式、产品结构、产业结构都带来了深刻的变化，是制造业实现自动化、柔性化、集成化生产的基础。

采用数控加工，离不开必要的硬件设施——数控机床，数控机床为数控加工提供了必要的加工环境。

数控机床是综合应用计算机、自动控制、自动检测及精密机械等高新技术的产物，是典型的机电一体化产品。在数控机床上，工件加工全过程由数字指令控制，它不仅能提高产品的质量、生产效率，降低生产成本，而且还能大大改善工人的劳动条件。数控机床的分类有多种形式，按加工方式和工艺用途分为数控车床、数控铣床、加工中心，如图1-1～图1-3所示。

数控机床由程序及程序载体、输入装置、数控装置（CNC）、伺服驱动及位置检测、辅助控制装置、机床本体等几部分组成，工作原理如图1-4所示。

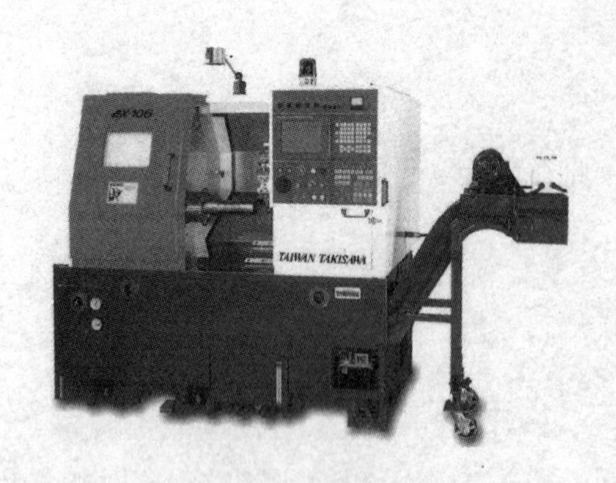

图1-1　数控车床

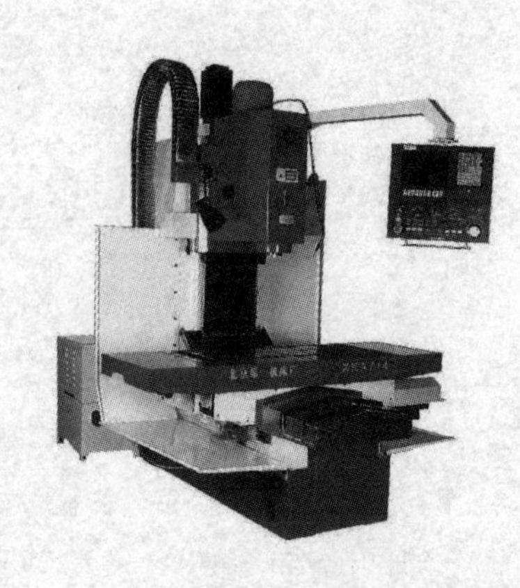

图1-2　数控铣床

图1-3 加工中心

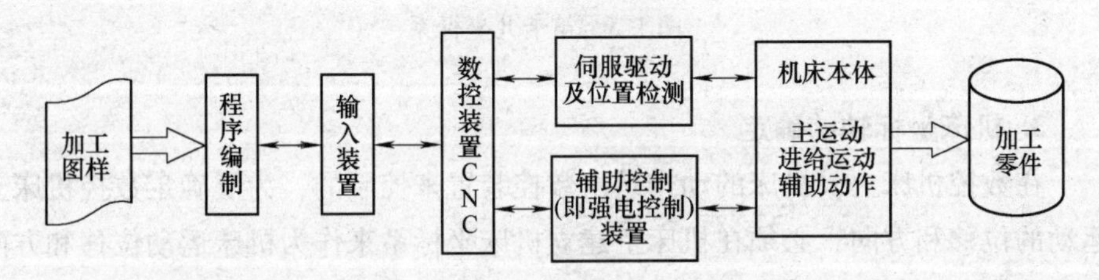

图1-4 数控机床工作原理图

1.2 数控机床坐标系

机床的运动形式是多种多样的，为了描述刀具与零件的相对运动、简化编程，我国根据ISO标准统一规定了数控机床坐标轴的代码及其运动方向（华中数控系统按国标执行，下文不作说明）。

1. 命名原则

由于机床运动结构设计的不同，有些机床是刀具运动，零件不动；有些机床是刀具固定，零件运动。为了编程方便，一律规定为零件固定不动，刀具运动。并且将刀具远离工件的方向规定为坐标轴的正方向。

2. 机床坐标系

机床坐标系主要有X、Y、Z三个移动轴，并附加A、B、C三个旋转轴组成。X、Y、Z坐标轴的相互关系用右手笛卡儿直角坐标系决定。伸开右手，拇指、食指、中指相互垂直，拇指为X轴的正方向，食指为Y轴的正方向，中指为Z轴的正方向，如图1-5所示；A、B、C三个旋转轴可由右手螺旋法则来判别，拇指指向对应的移动轴正向，四指的旋向即旋转轴的正方向，如图1-5所示。

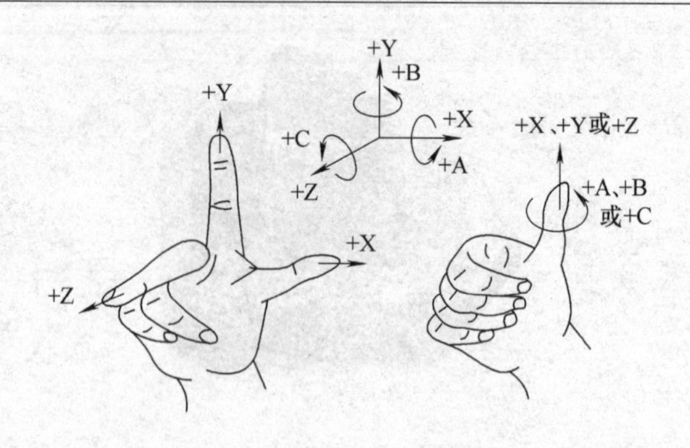

图 1-5　笛卡儿坐标系

3. 机床坐标轴的确定

在数控机床上，机床的动作是由数控装置来控制的，为了确定数控机床上运动的位移和方向，必须在机床上建立机床坐标系来作为机床运动位移和方向的基准，这个坐标系被称为机床坐标系。

在确定机床坐标轴时，一般先确定 Z 轴，然后确定 X 轴和 Y 轴，最后确定其他轴。

(1) Z 轴

一般规定平行于机床主轴轴线的坐标轴为 Z 轴，其正向为刀具离开工件的方向，如图 1-6 ~ 图 1-8所示。

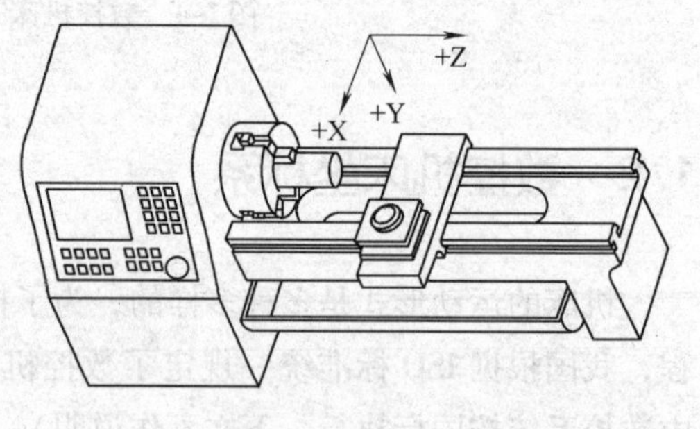

图 1-6　前置刀架数控车床坐标系

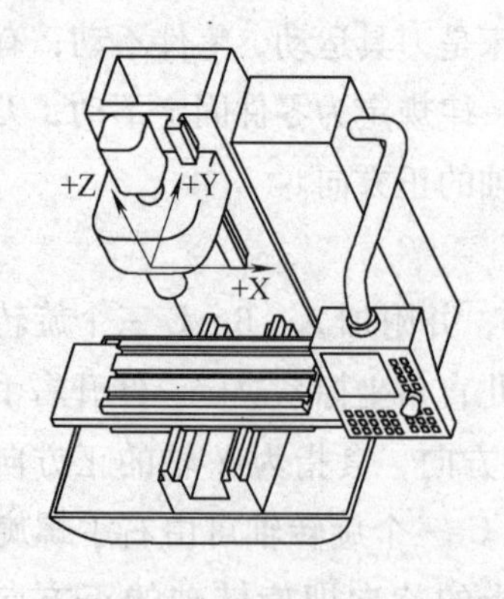

图 1-7　数控铣床坐标系

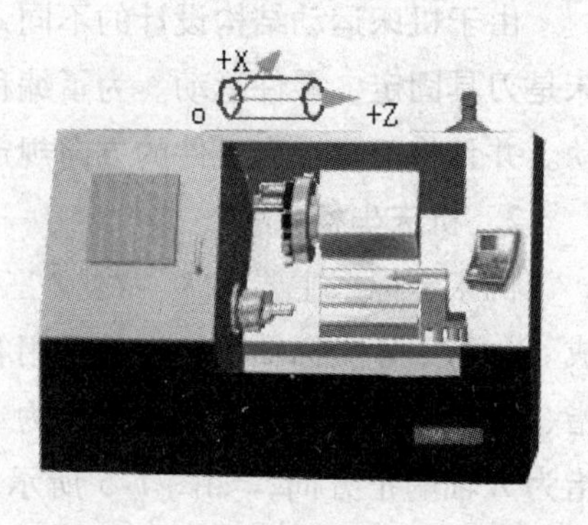

图 1-8　后置刀架数控车床坐标系

（2）X 轴

X 轴是水平的，平行于工件的装夹面，且垂直于 Z 轴。这是刀具在工件定位平面内运动的主要坐标。对于工件旋转的机床（如车床、磨床等），X 坐标的方向是在工件的径向上，且平行于横滑座。刀具离开工件旋转中心的方向为 X 轴正方向。对于刀具旋转的机床（铣床、镗床、钻床等），如果 Z 轴是垂直的，当从刀具主轴向立柱看时，X 运动的正方向指向右；如果 Z 轴是水平的，当从主轴向工件方向看时，X 轴的正方向指向右。

（3）Y 轴

Y 轴方向根据已确定的 Z 轴、X 轴方向，用右手笛卡儿坐标系来确定。

（4）旋转运动

围绕坐标轴 X、Y、Z 轴旋转的运动，分别用 A、B、C 表示。它们的正方向用右手螺旋法则判定。

4. 机床零点和机床参考点

机床坐标系是机床固有的坐标系，机床坐标系的原点也称为机床原点或机床零点。在机床经过设计、制造和调整后，这个原点便被确定下来，它是固定的点。数控装置上电时并不知道机床零点，每个坐标轴的机械行程是由最大和最小限位开关来限定的。为了正确地在机床工作时建立机床坐标系，通常在每个坐标轴的移动范围内设置一个机床参考点（测量起点），机床启动时，通常要进行机动或手动回参考点，以建立机床坐标系。机床参考点可以与机床零点重合，也可以不重合，通过参数指定机床参考点到机床零点的距离。机床回到了参考点位置，也就知道了该坐标轴的零点位置，找到所有坐标轴的参考点，CNC 就建立起了机床坐标系。对编程人员来说，可以认为机床零点与机床参考点重合，开机回机床参考点，建立机床坐标系。一般情况下，机床参考点位置在各坐标轴正向的最大位置。

5. 工件坐标系、程序原点、对刀点和换刀点

工件坐标系是编程人员在编程时使用的，编程人员选择工件上的某一已知点为原点（也称程序原点），建立一个新的坐标系，称为工件坐标系（坐标系方向与机床坐标系方向一致）。工件坐标系一旦建立便一直有效，直到被新的工件坐标系所取代。工件坐标系的原点选择要尽量满足编程简单、尺寸换算少、引起的加工误差小等条件。一般情况下，程序原点应选在尺寸标注的基准或定位基准上。对车床编程而言，程序原点选在工件轴线与工件的前端面、后端面、卡爪前端面的交点上；对铣床编程而言，以坐标式尺寸标注的零件，程序原点应选在尺寸标注的基准点；对称零件或以同心圆为主的零件，程序原点应选在对称中心线或圆心上，Z 轴的程序原点通常选在工件的上表面。

对刀点是工件在机床上找正夹紧后，用于确定程序原点在机床坐标系中位置的基准点。对刀的目的是确定程序原点在机床坐标系中的位置，对刀点可与程序原点重合，也可在任何便于对刀之处，但该点与程序原点之间必须有确定的坐标联系。

根据工艺需要，要用不同参数的刀具加工工件，在加工中按需要更换刀具的过程叫换刀，换刀点应选择在换刀时工件、夹具、刀具、机床相互之间没有任何的碰撞和干涉的位置上。加工中心有刀库和自动换刀装置，根据程序的需要可以自动换刀，其换刀点往往是固定的。

1.3 数控加工程序的基本概念

1. 程序结构

零件程序是一组被传送到数控装置中的指令和数据，是由遵循一定结构、句法和格式的若干个程序段组成。一个完整的加工程序一般包括程序号、程序内容和程序结束三部分。

举例说明：

```
O0001;                              程序号
%0001;                              程序开始符号
N1  G90  G54  G00  X0  Y0;          第一程序段
N2  S800  M03;                      第二程序段
N3  Z100.0
N4  Z5.0;
N5  G01  Z-10.0  F100;
N6  G41  X5.0  Y5.0  D1  F200;
⋮
N11  G40  X0  Y0;
N12  G00  Z100.0;
N13  M05;
N14  M30;                           程序结束
```

1）程序号　程序号是程序的开始符，供在数控装置存储器中的程序查找与调用。程序号由地址符和四位编号数字组成，如上例中的地址符“O”和编号数字0001。用“%”表示程序的开始。

2）程序内容　程序内容是整个数控程序的核心部分，记录了零件的加工指令，包括程序序号（通常省略）、准备功能指令、刀具运动轨迹坐标和各种辅助功能指令。

3）程序结束　一般用辅助功能指令M30（程序结束并返回起点）或M02（程序结束）来表示整个程序的结束。

注：可以用（）来进行程序段内容注释或在分号“;”后面直接进行程序段的注释。如：N5 S600 M03；主轴顺时针旋转

N5 S600 M03（主轴顺时针旋转）

在数控程序段中包含的主要指令字符及意义见表1-1。

表1-1　地址码字符及意义

地址码	意义	地址码	意义
A	关于X轴的角度尺寸	O（%）	程序编号
B	关于Y轴的角度尺寸	P	子程序编号或暂停时间指定（s）
C	关于Z轴的角度尺寸	Q	固定循环参数
D	刀具半径的偏置号	R	圆弧半径或固定循环参数
F	进给速度的指定	S	主轴旋转速度的指定
G	准备功能	T	换刀指令
H	刀具长度偏置号	U	X轴的相对坐标
I	圆心相对于起点在X轴方向的坐标值或固定循环参数	V	Y轴的相对坐标
J	圆心相对于Y轴起点的坐标值或螺纹导程	W	Z轴的相对坐标
K	圆心相对于Z轴起点的坐标值或螺纹导程	X	X轴方向的主运动坐标
L	子程序或固定循环的重复次数	Y	Y轴方向的主运动坐标
M	辅助功能	Z	Z轴方向的主运动坐标
N	程序段号		

2. 程序段格式

一个程序段由一个或若干个指令字组成，每个指令字又由地址符和数字组成（数字前可以有±号构成数值量）。指令字代表某一信息单元，它代表机床的一个位置或一个动作。可变程序段指程序段的长度可变。一个程序段是以程序段的序号开始，后跟功能指令，由结束符号结束（如用符号“;”或

“LF”）。

可变程序段格式见表1-2。

表1-2　可变程序段格式

N_	G_	X_Y_Z	F_	S_	T_	M_	LF（或;）
程序段号	准备功能	坐标字	进给功能	主轴转速功能	换刀功能	辅助功能	程序段结束符

如：N20 G90 G17 G54 G00 Z100 S800 M03；

值得注意的是，可变程序段中各字的先后排列顺序并不严格，不需要的字以及与上一程序段相同的继续使用的字可以省略；数据的位数可多可少，如：G01 等同于 G1。但同一性质的功能指令字不允许在同一程序段中出现。

1）程序段号（简称顺序号）　通常用标识符号“N”和数字表示。如：N02、N20 等。序号不一定连续，可适当跳跃。顺序号一般都以从小到大的顺序排列，在实际加工中不参与加工，只是为了便于程序的编程、检查、修改方便。华中 CNC 系统不要求程序段号，即程序段号可有可无。

2）准备功能（简称 G 功能）　它由准备功能地址符“G”和数字组成，如：G01，表示直线插补功能。

3）坐标字　由坐标地址符（如 X、Y、Z 等）及数字组成，且按一定的顺序进行排列。坐标字表示刀具在指定的坐标轴上给定方向和数量运动到坐标字所表示的位置。比如 100、100. 和 100.0 数值，有些数控系统会将 100 视为 100μm，而不是 100mm，而写成 100. 或 100.0 则均被认为是 100mm。

4）进给率 F　表示刀具轨迹速度，是所有移动坐标轴的速度的矢量和。坐标轴速度是刀具轨迹在坐标轴上的分矢量。进给率 F 在 G01、G02、G03 插补方式有效，并一直有效，直到被新的进给率 F 替代为止，而工作在 G00、G60 方式下，快速定位的速度是各轴的最高速度，与所编 F 无关。

进给率由进给地址符“F”及数字组成，数字表示所选定的进给速度，其单位取决于直线进给率 G94（mm/min）和旋转进给率 G95（mm/r）指令的设定。在 F 值为整数值时，可以省略小数点后的数据，如 F100。

编程举例：

N10　G94　F200；进给量 + 单位 mm/min

⋮

N20　S200　M03；主轴正向旋转

N22　G95　F2.5；进给量 + 单位 mm/r

注意：G94 和 G95 更换时要求写入一个新的进给率，且使用旋转进给率 G95 时只有主轴旋转才有意义。

同时可以借助操作面板上的倍率按键，F 可在一定范围内进行倍率修调。当执行螺纹切削指令时，倍率开关失效，进给倍率固定在 100%。

5）主轴转速功能 S　由主轴地址符“S”及数字组成，数字表示主轴转数，单位为 r/min。主轴旋向、主轴运动起始点和终止点由 M 指令指定（参见“辅助功能 M”）。

当 S 值为整数值时，可以省略小数点后的数据，如 S625。如果程序段中不仅有 M03 或 M04 指令，而且还写有坐标轴运动指令，则 M 指令在坐标轴运动之前生效。

编程举例：

⋮

N10　G01　X10　Y20　F200　S560　M03；在 X、Y 轴运动之前，主轴以 560r/min 的速度顺时针启动

⋮

N60　S1000；主轴改变速度为 1000r/min

⋮

N80　G00　Z100　M05；Z 轴运动，主轴停止

⋮

S 是模态指令，S 功能只有在主轴速度可调节时有效。同时 S 也可以借助操作面板上的倍率按键，可在一定范围内进行倍率修调。

6）换刀功能 T　由地址符“T”及数字组成，用于刀具的选择。刀具的选择有两种方式：

① 用 T 指令直接更换刀具，比如：数控车床中常用的刀具转塔刀架，用 T0101、T0202 表示。

② 用 T 指令预选刀具，再配合 M06 换刀指令进行刀具的更换，用在加工中心上（参见“辅助功能 M”）。

需要说明的是，T0 号没有刀具，有些系统定义为刀具还刀指令。

T 指令被调用时，同时调入刀补寄存器中的刀补值（刀补长度 H 和刀补半径 D）。T 指令为非模态指令，但被调用的刀补值一直有效，直到再次换刀调入新的刀补值。

7）辅助功能（简称 M 功能）　由辅助操作地址符“M”和两位数字组

成。比如：M08，表示切削液开。

8）程序段结束符 LF　表示程序段的结束。采用 EIA 标准代码时，结束符以硬回车表示，当采用 ISO 标准代码时，以“LF”或“；”表示。

1.4　辅助功能 M 代码

辅助功能也叫 M 功能或 M 代码，由地址字 M 和其后的两位数字组成，从 M00 ~ M99 共 100 种，主要用于控制零件程序的走向和机床及数控系统各种辅助功能的开关动作。各种数控系统的 M 代码规定有差异，必须根据系统编程说明书选用。

M 功能有非模态 M 功能和模态 M 功能两种形式。非模态 M 功能（当段有效代码）只在书写了该代码的程序段中有效；模态 M 功能（续效代码）是一组可相互注销的 M 功能，这些功能在被同一组的另一个功能注销前一直有效。

另外，M 功能还可分为前作用 M 功能和后作用 M 功能两类。前作用 M 功能在程序段编制的轴运动之前执行；后作用 M 功能在程序段编制的轴运动之后执行。常用的 M 功能代码见表 1-3。

表 1-3　M 功能代码一览表

代码	是否模态	功能说明	代码	是否模态	功能说明
M00	非模态	程序停止	M07	模态	切削液打开
M01	非模态	选择停止	M08	模态	切削液打开
M02	非模态	程序结束	M09	模态	切削液停止
M03	模态	主轴正转起动	M30	非模态	程序结束并返回
M04	模态	主轴反转起动	M98	非模态	调用子程序
M05	模态	主轴停止转动	M99	非模态	子程序结束

1）M00 程序暂停　当 CNC 执行到 M00 指令时，将暂停执行当前程序，以方便操作者进行刀具和工件的尺寸测量、工件调头、手动变速等操作。

暂停时，机床的进给停止，而全部现存的模态信息保持不变，欲继续执行后续程序，重按操作面板上的“循环启动”键。M00 为非模态后作用 M 功能。

2）M02 程序结束　M02 一般放在主程序的最后一个程序段中。当 CNC 执行到 M02 指令时，机床的主轴、进给、切削液全部停止，加工结束。

使用 M02 的程序结束后，若要重新执行该程序，就得重新调用该程序，然后再按操作面板上的“循环启动”键。M02 为非模态后作用 M 功能。

3）M30 程序结束并返回到零件程序头 M30 和 M02 功能基本相同，只是 M30 指令还兼有控制返回到零件程序头的作用。使用 M30 的程序结束后，若要重新执行该程序，只需再次按操作面板上的“循环启动”键。

4）M98 子程序调用及 M99 从子程序返回 M98 用来调用子程序；M99 表示子程序结束，执行 M99 使控制返回到主程序。

在子程序开头，必须规定子程序号，以作为调用入口地址。在子程序的结尾用 M99，以控制执行完该子程序后返回主程序。调用子程序时还要指定连续调用次数，如果不指定调用次数，一般默认为 1 次。

5）M03、M04、M05 主轴控制指令 M03 起动主轴，以程序中编制的主轴速度正向旋转；M04 起动主轴，以程序中编制的主轴速度反向旋转；M05 使主轴停止旋转。

M03、M04 为模态前作用 M 功能；M05 为模态后作用 M 功能。M03、M04、M05 可相互注销。

6）M07、M08、M09 切削液打开、停止指令 M07、M08 指令将打开切削液管道；M09 指令将关闭切削液管道。M07、M08 为模态前作用 M 功能；M09 为模态后作用 M 功能。

第 2 章　数控车床加工程序编制

2.1 准备功能 G 代码

准备功能 G 代码由 G 和其后两位数值组成，用来规定刀具和工件的相对运动轨迹、机床坐标系、坐标平面、刀具补偿、坐标偏置等多种加工操作。华中世纪星 HNC—21/22T 数控车削系统 G 代码及功能见表 2-1。

表 2-1　华中世纪星 HNC—21/22T 数控车削系统 G 代码及功能

G 代码	组	功能	G 代码	组	功能
G00		快速定位	G57		
G01	01	直线插补	G58	11	坐标系选择
G02		顺圆插补	G59		
G03		逆圆插补	G65		宏指令简单调用
G04	00	暂停	G71		外径、内径车削复合循环
G20	08	英制	G72		端面车削复合循环
G21		公制	G73		闭环车削复合循环
G28	00	返回参考点	G76	06	螺纹切削复合循环
G29		从参考点返回	G80		车内外径复合循环
G32	01	螺纹切削	G81		端面车削复合循环
G36	17	直径编程	G82		螺纹切削固定循环
G37		半径编程	G90	13	绝对编程
G40		取消半径补偿	G91		相对编程
G41	09	左刀补	G92	00	工件坐标系设定
G42		右刀补	G94	14	每分钟进给
G54			G95		每转进给
G55	11	坐标系选择	G96	16	恒线速度切削
G56			G97		取消恒线速度切削

1. 快速点定位指令（G00）

该指令命令刀具以点位控制方式从刀具所在点快速移动到目标位置，无运动轨迹要求，不需特别指定移动速度。

输入格式：G00 IP __；

注：①“IP __” 代表目标点的坐标，可以用 X、Z、U、W 表示。

② X（U）坐标按直径值输入（华中系统用直径编程方式）。

③ 快速点定位时，刀具的路径通常不是直线。

［**例 2-1**］　如图 2-1 所示，以 G00 指令刀具从 A 点移动到 B 点。

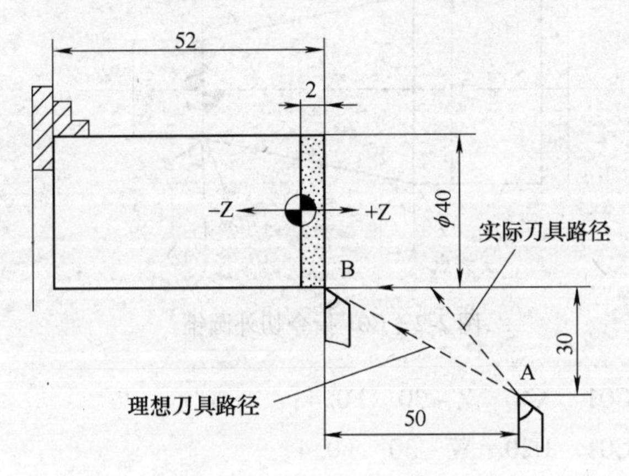

图 2-1　G00 快速点定位

绝对指令：G00　X40　Z2；

增量指令：G00　U-60　W-50；

相关知识点：

① 符号“⊕”代表编程原点。

② 在某一轴上相对位置不变时，可以省略该轴的移动指令。

③ 在同一程序段中，绝对坐标指令和增量坐标指令可以混用。

④ 从图中可见，实际刀具移动路径与理想刀具移动路径可能会不一致，因此，要注意刀具是否与工件和夹具发生干涉，对不确定是否会干涉的场合，可以考虑每轴单动。

⑤ 刀具快速移动速度由机床生产厂家设定。

2. 直线插补指令（G01）

该指令用于直线或斜线运动，可使数控车床沿 X 轴、Z 轴方向执行单轴运动，也可以沿 XZ 平面内任意斜率直线运动。

输入格式：G01　IP __　F __；

注：①“IP __” 代表目标点的坐标，可以用 X、Z、U、W 表示。

②“F __”指令刀具的进给速度。

[**例 2-2**] 外圆锥切削，如图 2-2 所示。

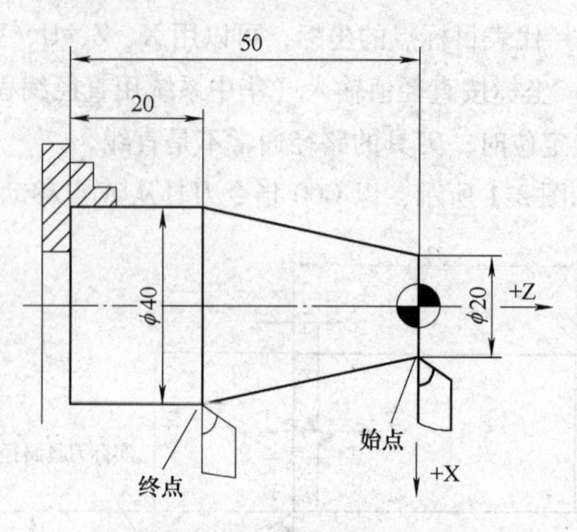

图 2-2 G01 指令切外圆锥

绝对指令：G01 X40 Z－30 F0.4；

增量指令：G01 U20 W－30 F0.4；

或采用混合坐标系编程：G01 X40 W－30 F0.4；

3. 圆弧插补指令（G02，G03）

该指令能使刀具沿圆弧运动，切出圆弧轮廓。G02 为顺时针圆弧插补指令，G03 为逆时针圆弧插补指令。表 2-2 列出了 G02、G03 程序段中各指令的含义。

输入格式：G02 IP __ I __ K __ F __；或 G02 IP __ R __ F __；

G03 IP __ I __ K __ F __；或 G03 IP __ R __ F __；

表 2-2 G02、G03 程序段中各指令的含义

考虑的因素	指令	含义
回转方向	G02	刀具轨迹按顺时针圆弧插补
	G03	刀具轨迹按逆时针圆弧插补
终点位置 IP	X、Z（U、W）	工件坐标系中圆弧终点的 X、Z（U、W）值
从圆弧起点到圆弧中心的距离	I、K	I：圆心相对于圆弧起点在 X 方向的坐标增量 K：圆心相对于圆弧起点在 Z 方向的坐标增量
圆弧半径	R	指圆弧的半径，取小于 180°的圆弧部分

相关知识点：

① 圆弧顺、逆的方向判断：沿与圆弧所在平面（XOZ）相垂直的另一坐

标轴（Y轴），由正向负看去，起点到终点运动轨迹为顺时针使用G02指令，反之使用G03指令，如图2-3所示。

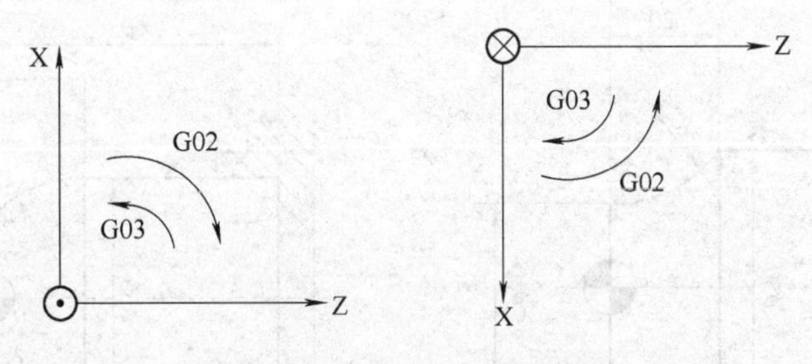

图2-3　圆弧的顺、逆判断

② X、Z（U、W）代表圆弧终点坐标。

③ 当圆弧中心的距离不用I、K指定时，可以用半径R指定。当I、K和R同时被指定时，R指令优先，I、K无效。

④ I0，K0可以省略。

⑤ 若省略X、Z（U、W），则表示终点与始点是在同一位置，此时使用I、K指令中心时，变成了指令360°的圆弧（整圆）。

⑥ 圆弧在多个象限时，该指令可以连续执行。

⑦ 在圆弧插补程序段中不能有刀具功能（T）指令。

⑧ 使用圆弧半径R指令时，指定圆心角小于180°圆弧。

⑨ 圆心角接近于180°圆弧，当用R指定时，圆弧中心位置的计算会出现误差，此时请用I、K指定圆弧中心。

[例2-3]　顺时针圆弧插补如图2-4所示，圆心刚好落在工件右端面上。

（I、K）指令：G02　X50.0　Z-20.0　I25　K0　F0.5；

G02　U20.0　W-20.0　I25　F0.5；

（R）指令：G02　X50　Z-20　R25　F0.5；

G02　U20　W-20　R25　F0.5；

[例2-4]　逆时针圆弧插补如图2-5所示。

（I、K）指令：G03　X50　Z-20　I-15　K-20　F0.5；

G03　U20　W-20　I-15　K-20　F0.5；

（R）指令：G03　X50　Z-20　R25　F0.5；

G03　U20　W-20　R25　F0.5；

[例2-5]　加工图2-6所示零件，编写零件精加工程序。

ISO标准是基于后置刀架对圆弧加工指令进行顺、逆时针定义的。编程人员按前置刀架或后置刀架所编的程序是一样的，除了主轴转向不同。

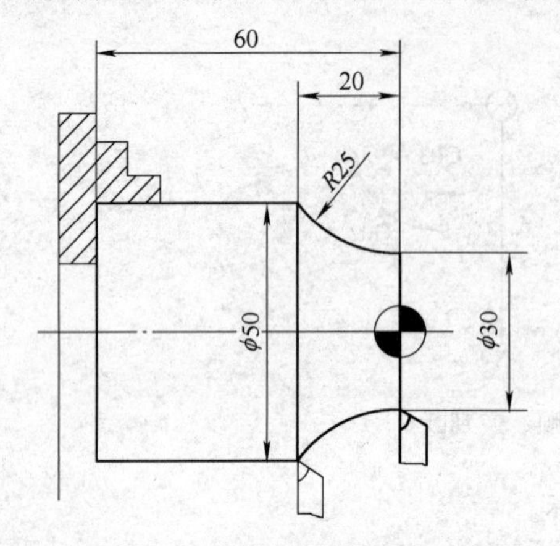

图 2-4　G02 顺时针圆弧插补

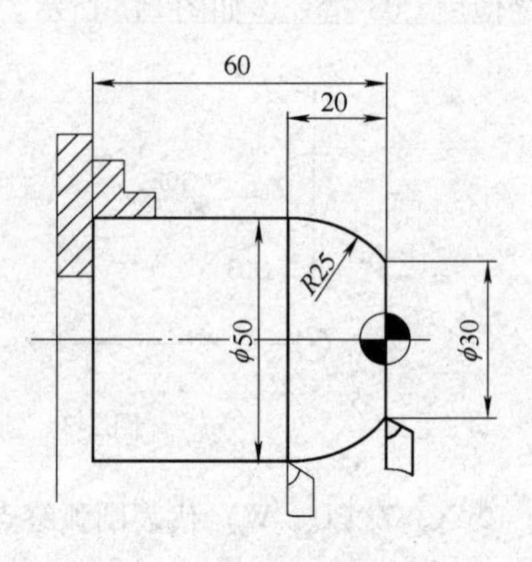

图 2-5　G03 逆时针圆弧插补

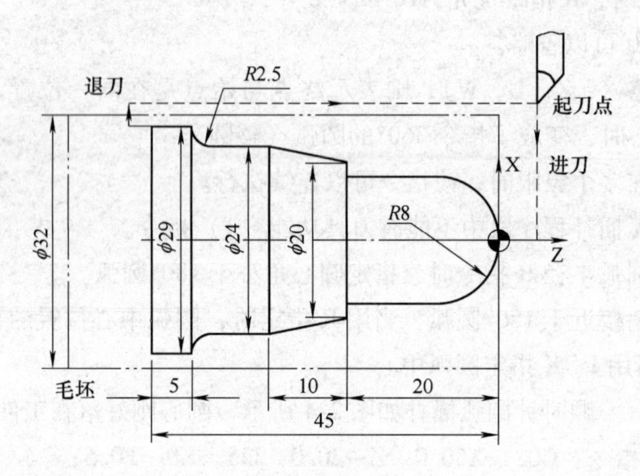

图 2-6　圆弧轴

程序：

O1018；	程序号
%1018；	程序开头
G90　G94　M04　S1000；	绝对坐标、指定进给速度单位为 mm/min、反转 1000r/min
T0101；选用刀具	
G00　X35　Z5；	起刀点、比毛坯直径大一些，离端面 5mm
N1　G00　X0；	精加工第一行，要求单轴运动
G01　Z0　F60；	

```
G03  X16  Z-8  R8;
G01  Z-20;
X20;
X24  Z-30;
Z-37.5;
G02  X29  Z-40  R2.5;
G01  Z-48;                 多走一点
N2  X35;                   精加工最后一行，退刀点在X方向与起刀点
                           一致
G00  X100;
Z100;
M05;
M30;
```

4. 螺纹切削指令

螺纹加工的类型包括：内（外）圆柱螺纹和圆锥螺纹、单头螺纹和多头螺纹、恒螺距和变螺距螺纹。

数控系统提供的螺纹加工指令包括：单一螺纹指令和螺纹固定循环指令。前提条件是主轴上有位移测量系统。数控系统的不同，螺纹加工指令也有差异，实际应用中按所使用的机床要求编程。

1）单一螺纹指令G32　华中数控系统G32指令可以执行单行程螺纹切削，车刀进给运动严格根据输入的螺纹导程进行。但是车刀的切入、切出、返回均需编入程序。单行程螺纹加工的编程格式见表2-3。

表2-3　华中数控系统的单行程螺纹编程指令

数控系统	编程格式	说明
HNC-21/22T	G32　IP__　R__　E__　P__　F__;	IP：代表终点的坐标 R、E：螺纹切削的退尾量 P：切削起始点的主轴转角 F：螺纹导程（即单线螺纹的螺距）

[**例2-6**]　以华中系统G32指令编写圆柱螺纹切削程序，如图2-7所示。

切削螺纹部分程序如下：

```
G00  U-62;
G32  W-74.5  F4.0;
```

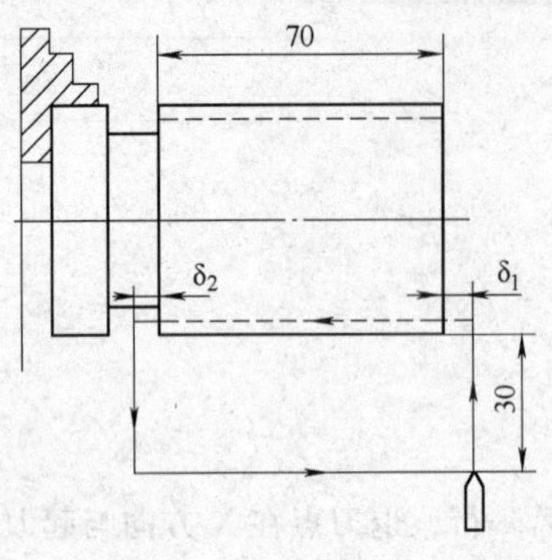

螺纹导程：4mm

δ_1 =3mm

δ_2 =1.5mm

若切削深度 2mm，分两次切削（每次切削深度 1mm）

米制输入，直径指定

图 2-7 圆柱螺纹切削

```
G00  U62；
     W74.5；
     U-64；（第二次切削深度 1mm）
G32  W-74.5  F4.0；
G00  U64；
     W74.5；
```

相关知识点：

① 图 2-7 中 δ_1、δ_2 有其特殊的作用，由于螺纹切削的开始及结束部分，伺服系统存在一定程度的滞后，导致螺纹导程不规则，为了考虑这部分螺纹尺寸精度，加工螺纹时的指令要比需要的螺纹长度长（$\delta_1+\delta_2$）。

② 螺纹切削时，进给速度倍率开关无效，系统将此倍率固定在 100%。

③ 螺纹切削进给中，主轴不能停。若进给停止，切入量急剧增加，很危险，因此进给暂停在螺纹切削中无效。

[例 2-7] 以华中系统 G32 指令编写圆锥螺纹切削程序，如图 2-8 所示。

切削锥螺纹部分程序如下：

```
G00  X12  Z72；
G32  X41  Z29  F3.5；
G00  X50；
     Z72；
     X10；（第二次切削深度 1mm）
G32  X39  Z29  F3.5；
G00  X50；
     Z72；
```

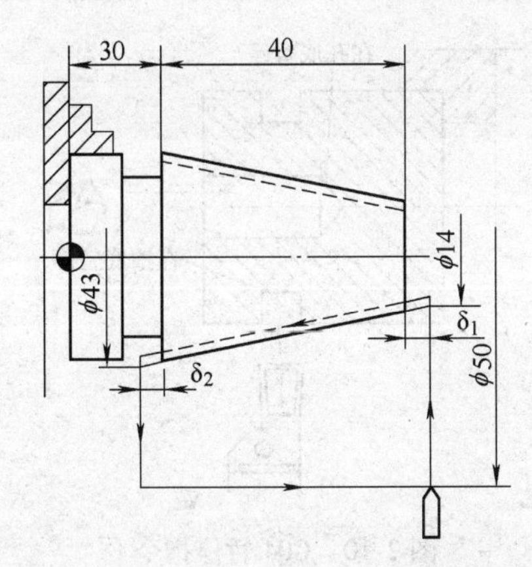

螺纹导程：Z方向为3.5mm

δ_1 =2mm

δ_2 =1mm

若切削深度2mm，分两次切削（每次切削深度1mm）

米制输入，直径指定

图2-8 圆锥螺纹切削

相关知识点：关于圆锥螺纹的导程，如图2-9所示，当α≤45°时，导程为L_Z；当α≥45°时，导程为L_X。

2）螺纹固定循环指令G76 起刀点比螺纹大径大或小一个导程，输入格式：G76 C__ R__ E__ A__ I__ K__ X__ Z__ U__ V__ Q__ F__；

C：螺纹精加工次数，输入如1、2；

R：螺纹Z向退尾长度（是负值）；

E：螺纹X向退尾长度（是正值）；

A：刀尖角度，也称螺纹牙型角，输入如60、55；

I：锥螺纹，两端半径差（起点减终点）；

K：螺纹牙高，为1.1P/2（1.1是钢材料系数，铝合金材料系数是1.3，*P*是螺距）；

X：螺纹终点X向坐标；

Z：螺纹终点Z向坐标；

U：精加工单边余量；

V：最小背吃刀量；

Q：第一次切削背吃刀量；

F：螺纹导程。

5. 暂停指令G04

该指令可使刀具做短时间的无进给光整加工，常用于车槽、镗平面、锪孔等场合，如图2-10所示。时间单位为s。

输入格式：G04 P__；

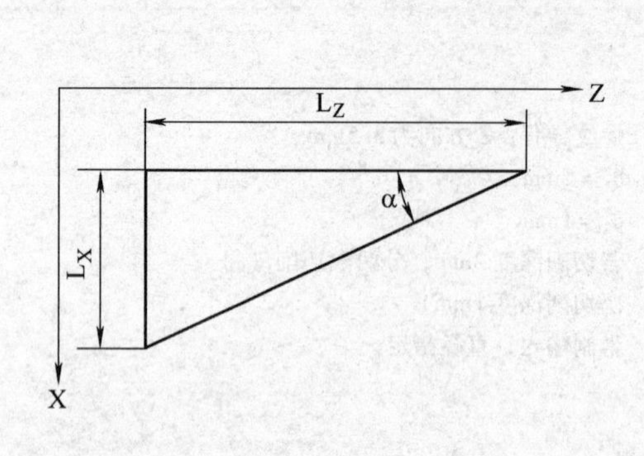

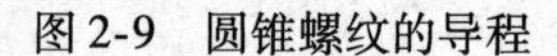
图 2-9 圆锥螺纹的导程

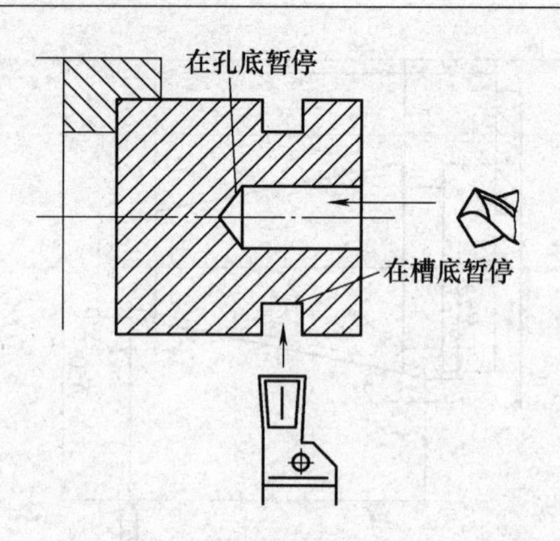

图 2-10 G04 暂停指令

6. 内（外）径粗车循环 G71

输入格式：G71 U(d) R(r) P(ns) Q(nf) X(x) Z(z) F(f) S(s) T(t);

说明：该指令执行图 2-11 所示的粗加工和精加工，其中精加工路径为 A→A′→B′→B 的轨迹。

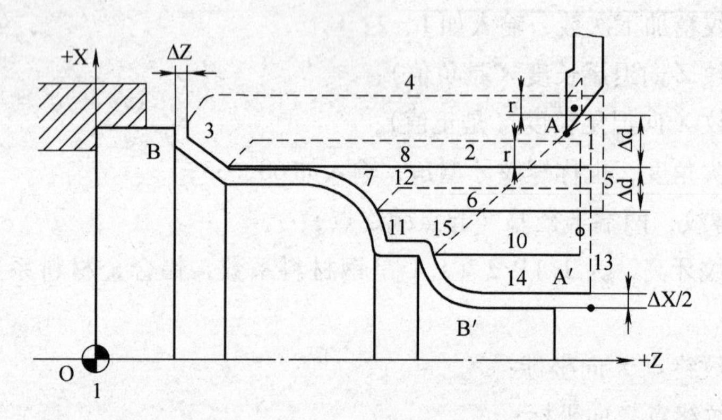

图 2-11 内外径粗切复合循环

d：切削深度（每次切削量）；

r：每次退刀量；

ns：精加工路径第一程序段（即图 2-11 中的 AA′）的顺序号；

nf：精加工路径最后程序段（即退刀所处程序段）的顺序号；

x：X 方向精加工余量（加工孔时 X 取负值）；

z：Z 方向精加工余量；

f，s，t：粗加工时 G71 中编程的 F、S、T 有效，而精加工时处于 ns 到 nf

程序段之间的F、S、T有效。

[**例2-8**]　如图2-12所示，编制零件完整的加工程序，毛坯直径为ϕ38mm×100mm，左端装夹。

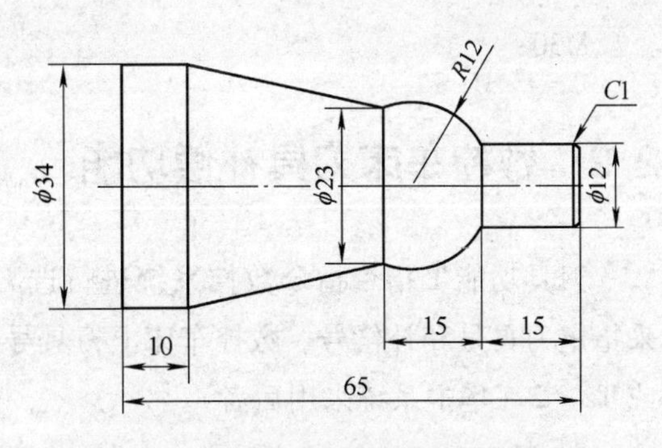

图2-12　G71运用实例

程序：

```
O0921;
%0921;
G90  G94  M03  S1000;
T0101;
G00  X40  Z5;                                  起刀点
G71  U2  R5  P1  Q2  X0.5  Z0.3  F100;         粗加工循环
G00  X100;
Z100;
M05;
M00;
M03  S2000;
T0101;
G00  X40  Z5;                                  起刀点
N1  G00  X-1;                                  精加工程序第一行，要求
                                               单轴运动
G01  Z0  F60;
X10;
X12  Z-1;
Z-15;
G03  X23  Z-30  R12;
G01  X34  Z-55;
Z-60;
N2  X40;                                       精加工程序最后一行，退到
                                               与起刀点X方向相同的位置
G00  X100;
Z100;
```

M05;

M30;

2.2 数控车床刀具补偿功能

刀具功能T指令指令数控系统进行选刀或换刀。用地址T和其后的数字来指定刀具号和补偿号。数控车床上刀具号和刀具补偿号有两种形式：T1+1或T2+2（华中系统采用后者）。

即：

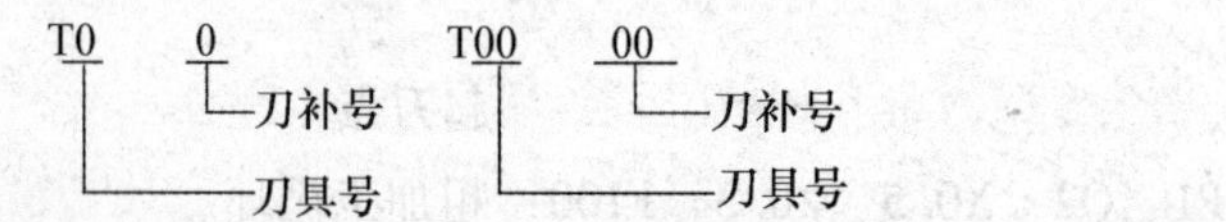

刀具补偿号从01（或1）组开始，00（或0）组表示取消刀补。在数控车床上通常以同一编号指令刀位号和刀具补偿号，以减少编程时的错误。例如T0101表示采用1号刀具和1号刀补。

数控车床的刀具补偿功能包括刀具位置补偿和刀尖圆弧半径补偿两个方面。

1. 刀具位置补偿

刀具位置补偿又称为刀具偏置补偿或刀具偏移补偿。在下面三种情况下，均需进行刀具位置补偿。

① 在实际加工中，通常是用不同尺寸的若干把刀具加工同一轮廓尺寸的零件，而编程时是以其中一把刀为基准设定工件坐标系，因此必须将所有刀具的刀尖都移到此基准点。利用刀具位置补偿功能，即可完成。

② 对同一把刀来说，当刀具重磨后再把它准确地安装到程序所设定的位置是非常困难的，总是存在位置误差。这种位置误差在实际加工时便会造成加工误差。因此在加工以前，必须用刀具位置补偿功能来修正安装位置误差。

③ 每把刀具在其加工过程中，都会有不同程度的磨损，而磨损后刀具的刀尖位置与编程位置存在差值，这势必造成加工误差。这一问题也可以用刀具位置补偿的方法来解决。

刀具位置补偿通常是用手动对刀和测量工件加工尺寸的方法，测出每把刀具的位置补偿量并输入到相应的存储器中。当程序执行了刀具位置补偿功能之后，刀尖的实际位置就代替了原来的位置。

值得说明的是，刀具位置补偿一般是在换刀指令后第一个含有移动指令的程序段中进行。该刀加工工序完成之后须取消刀具位置补偿，刀具位置补偿是在返回换刀点的程序段中执行。

2. 刀尖圆弧半径补偿

编制数控车床加工程序时，将车刀刀尖看做一个点。但是为了提高刀具寿命和降低加工表面的表面粗糙度值，通常机夹车刀刀尖都有一段不大的圆弧，一般圆弧半径在0.4～1.6mm之间，如图2-13所示。

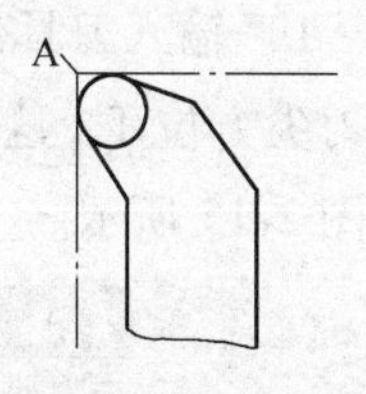

图2-13　车刀刀尖

（1）刀尖半径和假想刀尖的概念

1）刀尖半径　刀尖半径，即车刀刀尖部分为一圆弧构成假想圆的半径值，一般车刀均有刀尖半径，用于车外圆或端面时，刀尖圆弧大小并不起作用，但用于车倒角、锥面或圆弧时，则会影响精度，因此在编制数控车削程序时，必须给予考虑。

2）假想刀尖　假想刀尖实际上是一个不存在的点，如图2-13所示的A点。之所以提出假想刀尖，是因为把实际刀尖的圆弧中心对准加工起点或某个基准位置是很困难的，而用假想刀尖的方法就变得容易了。

编程时按假想刀尖轨迹编程，实际存在的刀尖圆弧在切削工件时就会造成图2-14所示的欠切和过切现象。

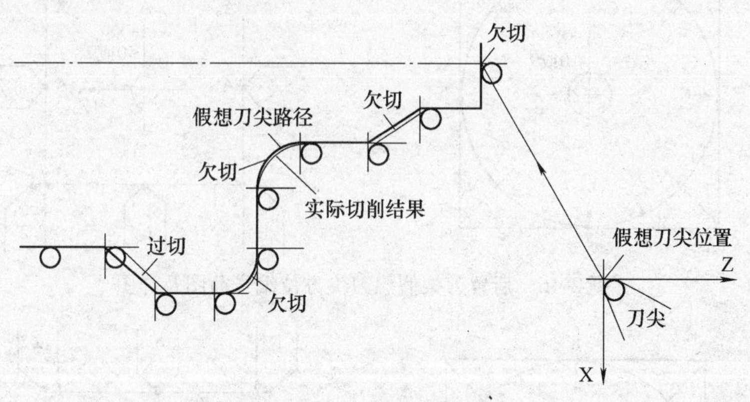

图2-14　欠切和过切现象

若工件要求不高或留有精加工余量，误差可以忽略；否则必须考虑刀尖圆弧对工件形状的影响。采用刀尖圆弧半径补偿功能后，按刀尖圆弧圆心轨迹（即工件轮廓形状）编程，加工时数控系统自动偏移一个半径，从而消除了刀尖圆弧对工件形状的影响。具体方法：还是用假想刀尖对刀，但要向数控系统告知刀尖方位、圆弧半径及刀尖圆弧半径补偿方向，系统会自动按数学方法推算出刀尖圆弧中心轨迹。

（2）刀尖 R 补偿的方法

1）输入刀具参数　刀具参数包括 X 轴偏置量、Z 轴偏置量、刀尖 R、假想刀尖方位 T。这些都与工件的形状有关，必须用参数输入数控系统数据库，如图 2-15 所示。

华中数控　加工方式：自动　运行正常　10:08:14

当前加工程序行：g92x280z250

刀补表：

刀补号	X几何	Z几何	X偏置	Z偏置	X磨损	Z磨损	半径	刀尖
#XX00	2.000	2.000	0.000	0.000	0.000	0.000	0.000	8
#XX01	0.000	0.000	0.000	0.000	0.000	0.000	1.000	1
#XX02	0.000	0.000	0.000	76.923	0.000	0.000	-1.000	0
#XX03	0.000	0.000	0.000	0.000	0.000	0.000	3.000	0
#XX04	0.000	0.000	0.000	0.000	0.000	0.000	0.000	0
#XX05	0.000	0.000	0.000	0.000	0.000	0.000	-1.000	0

图 2-15　刀具参数表

图 2-16 所示为后置刀架假想刀尖方位编号简图及详图；图 2-17 所示为前置刀架假想刀尖方位编号简图及详图。

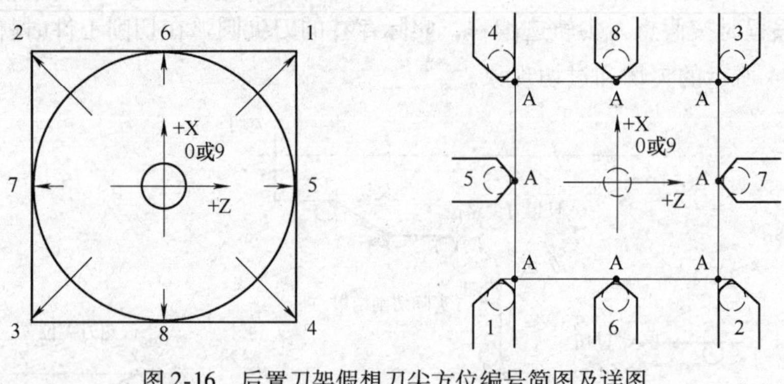

图 2-16　后置刀架假想刀尖方位编号简图及详图

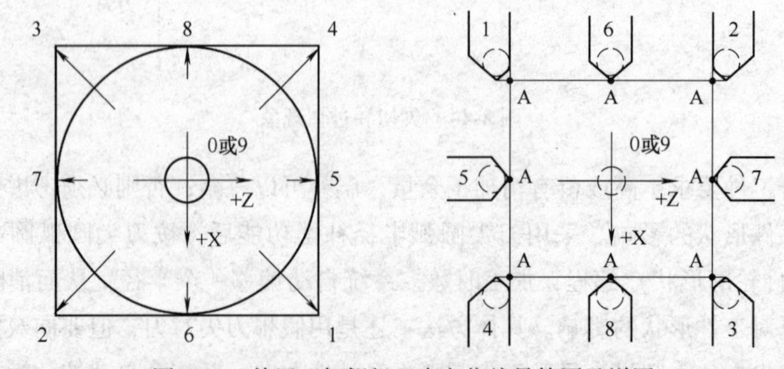

图 2-17　前置刀架假想刀尖方位编号简图及详图

图2-18所示为前置刀架几种具体数控车床刀具的假想刀尖位置及参数。

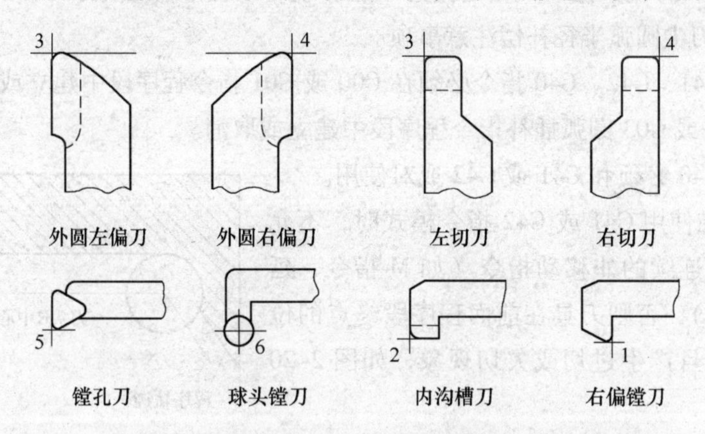

图2-18　数控车床前置刀架刀具的假想刀尖位置

刀尖方位编号从0至9有10个方向号。当按假想刀尖 A 点对刀时，刀尖位置方向因安装方向不同，从刀尖圆弧中心到假想刀尖的方向有8种刀尖位置方向号可供选择，并依次设为1～8号；当按刀尖圆弧中心点对刀时，刀尖位置方向则设定为0或9号。

2）刀尖圆弧半径补偿指令（G40，G41，G42）：

G41——刀尖半径左补偿，沿与加工平面相垂直的另一坐标轴，朝着该坐标轴的负方向看去，沿刀具运动方向看（假设工件不动），刀尖圆弧中心位于工件左侧时的刀具半径补偿。

G42——刀尖半径右补偿，沿与加工平面相垂直的另一坐标轴，朝着该坐标轴的负方向看去，沿刀具运动方向看（假设工件不动），刀尖圆弧中心位于工件右侧时的刀具半径补偿。

G40——取消刀尖半径补偿。

示例如图2-19所示。

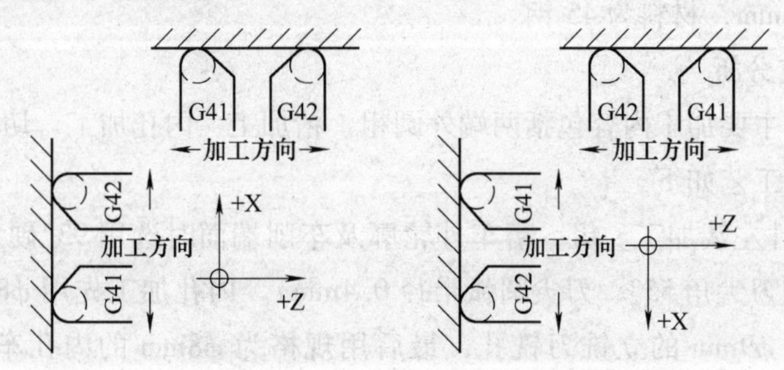

图2-19　刀具半径补偿方向判定

说明：方向判定的关键是找到 Y 轴，朝着该坐标轴的负方向看去。

3）刀尖圆弧半径补偿注意事项

① G41、G42、G40 指令必须在 G00 或 G01 指令程序段中建立或取消，不得在 G02 或 G03 圆弧插补指令程序段中建立或取消。

② G40 必须和 G41 或 G42 成对使用。

③ 在使用 G41 或 G42 指令模式时，不允许有两个连续的非移动指令（如 M 指令、延时指令等），否则刀具在前面程序段终点的位置停止，且产生过切或欠切现象，如图 2-20 所示。

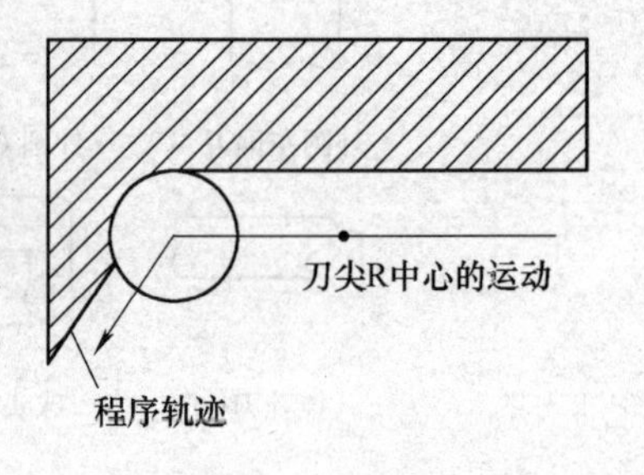

图 2-20　过切

④ 在补偿启动段或补偿状态下，不得有指定移动距离为 0 的 G00、G01 指令程序段。

⑤ 数控车床 G41、G42 指令不带参数，其补偿值由刀尖圆弧半径与刀尖方位确定。

⑥ 程序结束时必须取消刀尖圆弧半径补偿。

4）刀尖半径补偿编程　刀尖半径补偿一般用在轮廓加工上，先把刀具刀尖半径及方位在参数表中设置好。在换刀点定位到起刀点这行语句中添加 G41 或 G42，在 N2 行语句的下一行语句中用 G40 取消即可。

2.3　数控车削加工实例

本节选编了在数控车床操作工职业技能培训中的 1 个实训课题，供读者作为实践环节的练习参考。

［**例 2-9**］　如图 2-21 所示，编制零件完整的加工程序，毛坯直径为 ϕ50mm × 82mm，材料为 45 钢。

1. 工艺分析

该零件主要加工内容包括两端外圆粗、精加工，内孔加工，切槽及螺纹的加工，参考工艺如下。

1）零件左端加工　粗、精车外轮廓及车削端面时选用 93°硬质合金机夹式外圆刀（刀尖角 55°、刀尖圆弧半径 0.4mm）。内孔加工先用 ϕ8mm 的钻头钻孔，再用 ϕ9mm 的立铣刀铣孔，最后用规格为 ϕ8mm 的内孔车刀进行粗、精镗（盲孔刀、刀尖圆弧半径 0.2mm）。

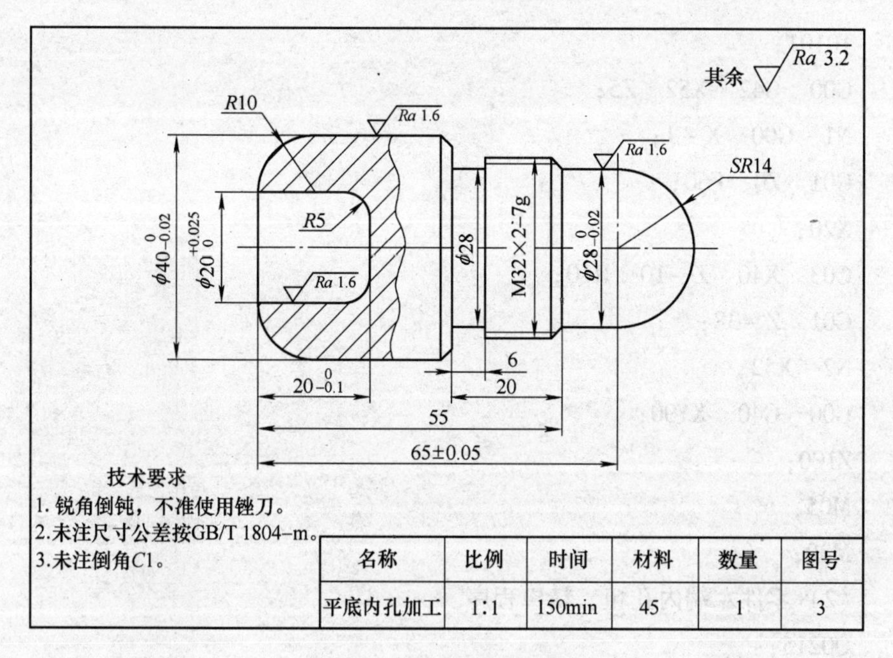

名称	比例	时间	材料	数量	图号
平底内孔加工	1:1	150min	45	1	3

图 2-21　平底内孔加工编程

2）零件右端加工　左端装夹，控制伸出量，外圆车刀对刀时控制总长。螺纹退刀槽采用4mm 切槽刀加工，左刀尖对刀；车削螺纹选用60°硬质合金外螺纹车刀。

2. 程序编制

（1）零件左端外圆粗、精车程序

```
O0214;
%0214;
G90  G94  M03  S1000;
T0101;                                  外圆车刀
G00  X100  Z100;                        换刀点
G00  G42  X9  Z5;                       起刀点
G71  U2  R5  P1  Q2  X0.5  Z0.3  F100;
G00  G40  X100;
Z100;
M05;
M00;
M03  S1500;
```

```
T0101;
G00  G42  X52  Z5;
N1  G00  X-1;
G01  Z0  F60;
X20;
G03  X40  Z-10  R10;
G01  Z-38;
N2  X52;
G00  G40  X100;
Z100;
M05;
M30;
```

(2）零件左端内孔粗、精镗程序

```
O0215;
%0215;
G90  G94  M03  S800;
T0202;                                          内孔车刀
G00  X100  Z100;                                换刀点
G00  G41  X9  Z5;                               起刀点
G71  U0.5  R0.5  P1  Q2  X-0.3  Z0.1  F80;
G00  G40  Z100;
X100;
M05;
M00;
M03  S1000;
T0202;
G00  G41  X9  Z5;
N1  G00  X20;
G01  Z-15  F40;
G03  X10  Z-20  R5;
N2  G01  X9;
G00  G40  Z100;
```

X100;

M05;

M30;

(3) 右端外圆粗、精车程序

```
O0216;
%0216;
G90  G94  M03  S800;
T0101;                                  外圆车刀、与左端加工同一把刀
G00  X100  Z100;
G00  G42  X52  Z5;
G71  U2  R5  P1  Q2  X0.5  Z0.3  F40;
G00  G40  X100;
Z100;
M05;
M03  S1000;
T0101;
G00  G42  X52  Z5;
N1  G00  X-1;
G01  Z0  F60;
X0;
G03  X28  Z-14  R14;
G01  Z-24;
X32  Z-26;
Z-44;
X38;
X42  Z-46;
N2  X52;
G00  G40  X100;
Z100;
M05;
M30;
```

(4) 右端退刀槽加工程序

```
O0217;
%0217;
G90   G94   M03   S800;
T0202;                                   切槽刀，刀宽4，左刀尖对刀
G00   X52   Z5;
Z-42;
G01   X28.5   F40;
X35;
Z-44;
X28.5;
X35;
Z-42;
X28;
Z-44;
X35;
G00   X100;
Z100;
M05;
M30;
```

(5) 右端螺纹加工程序

```
O0218;
%0218;
M03   S600;
T0303 (螺纹刀);
G00   X34   Z5;
G76   C1   A60   K1.1   X29.8   Z-41   U0.2   V0.1   Q0.3   F2;
G00   X100;
Z100;
M05;
M30;
```

3. 零件加工成品

加工成品如图2-22所示。

图 2-22　加工实物图

课后习题

1. 如图 2-23 所示零件，试编制数控加工程序。毛坯为 ϕ50mm × 100mm，材料为 45 钢。

2. 如图 2-24 所示零件，试编制数控加工程序。毛坯为 ϕ50mm × 93mm，材料为 45 钢。

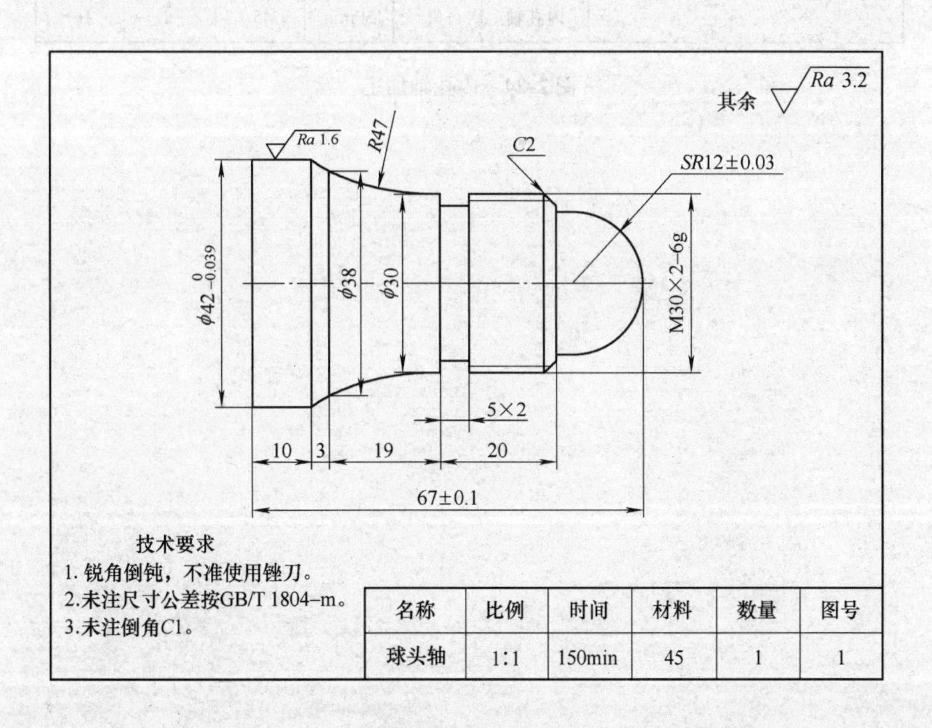

图 2-23　球头轴加工

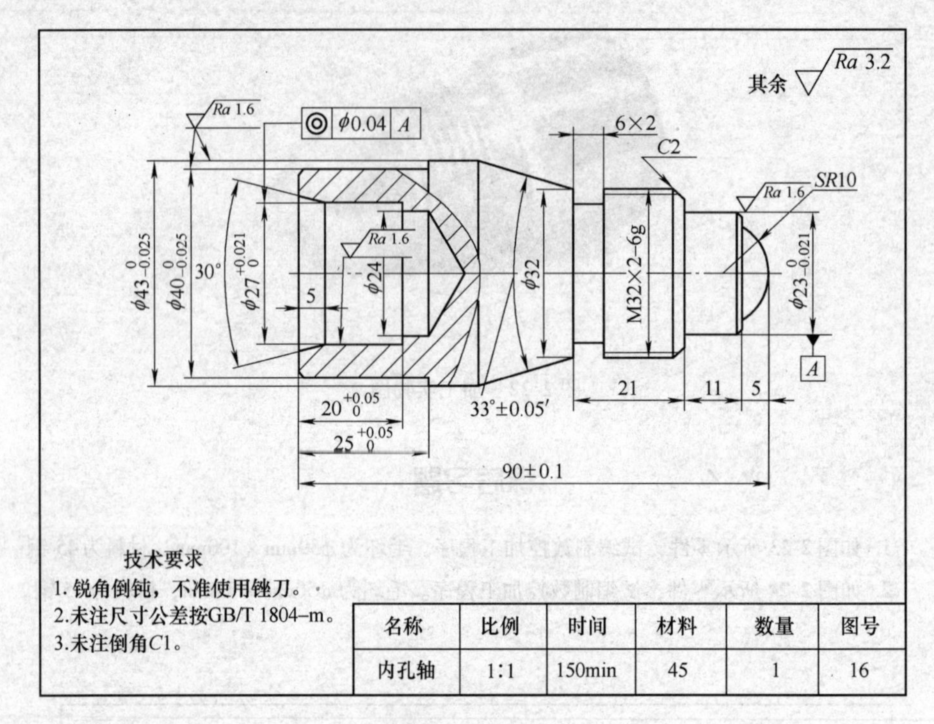

名称	比例	时间	材料	数量	图号
内孔轴	1∶1	150min	45	1	16

图 2-24　内孔轴加工

第3章　数控铣床加工程序编制

数控车削编程只涉及X、Z两坐标，数控铣削编程要用到X、Y、Z三坐标，铣床零件加工通常Z方向为深度，XY方向为轮廓外形，XY方向的编程思路和方法与数控车削相同，仅坐标轴不同而已。

3.1　程序原点的设置与偏移

当工件在机床上固定后，必须通过测量来确定程序原点与机床原点之间的偏移量。再把偏移值通过G92指令指定或通过G54~G59指令来预设。现代CNC系统一般都配有工件测量头，在手动操作下能正确的测量各坐标的偏移量，存入G54~G59原点偏置寄存器中，供CNC系统原点偏移计算。在没有测量头的情况下，程序原点位置的测量要靠对刀的方式进行。

1. 程序原点的设置（G92）

G92指令通过设定刀具起点相对于工件坐标系原点的相对位置建立工件坐标系，程序格式：G92　X__　Y__　Z__ ；

如图3-1所示，程序原点可设置如下：

…

G92　X50　Y25　Z20；

…

注意，G92指令需要后续坐标值指定当前工件坐标系，最好独立一个程序段，放在一个零件程序的第一段。执行此程序段时，系统建立了刀具起点相对于程序原点的位置，但刀具不产生运动。

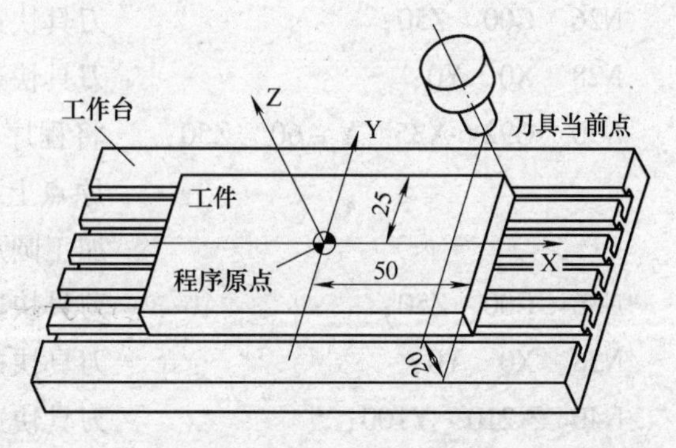

图3-1　G92工件坐标系的建立

［**例3-1**］　如图3-2所示，一次装夹加工三个不同的零件，要求采用G92实现原点偏移的方法编程，刀具在起刀点位置，距离工件上表面50mm。

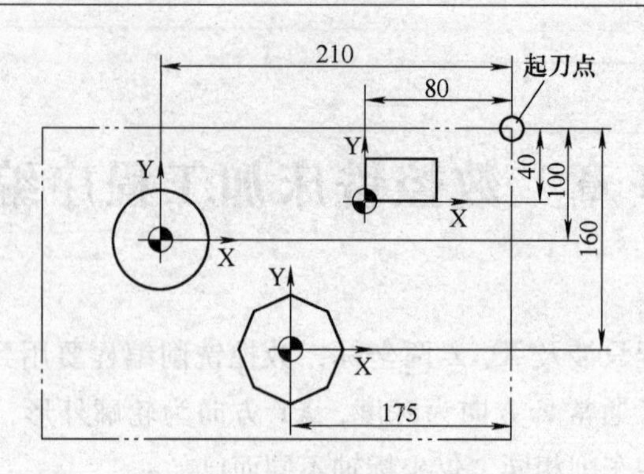

图 3-2　工件坐标系设置

N02　G90；	绝对坐标编程，刀具位于起刀点并离工件表面 50mm 处
N04　G92　X80　Y40　Z50；	将程序原点定义在方形零件上的工件原点上
…	加工方形零件
N10　G00　Z50；	刀具快速返回初始高度
N12　X0　Y0；	刀具快速返回程序原点
N14　G92　X95　Y120　Z50；	将程序原点定义在八边形零件上的工件原点上
…	加工八边形零件
N26　G00　Z50；	刀具快速返回初始高度
N28　X0　Y0；	刀具快速返回程序原点
N30　G92　X35　Y－60　Z50；	将程序原点定义在圆形零件上的工件原点上
…	加工圆形零件
N36　G00　Z50；	刀具快速返回初始高度
N38　X0　Y0；	刀具快速返回程序原点
N40　X210　Y100；	刀具快速返回到起刀点

2. 程序原点的偏置（G54 ~ G59）

在编程过程中，为了避免尺寸换算，简化加工程序，可以在同一程序进行多次工件坐标系的平移。将工件坐标系（编程坐标系）原点平移至工件基准处，称为程序原点的偏置。

一般数控机床可以预先设定 6 个（G54 ~ G59）工件坐标系，在加工之前，先对程序中相对应的工件坐标系进行预设，这样程序执行时控制系统就会自动把工件坐标系与机床原点发生偏置，如图 3-3 所示，设定工件中心上表面为 G54 工件坐标系。

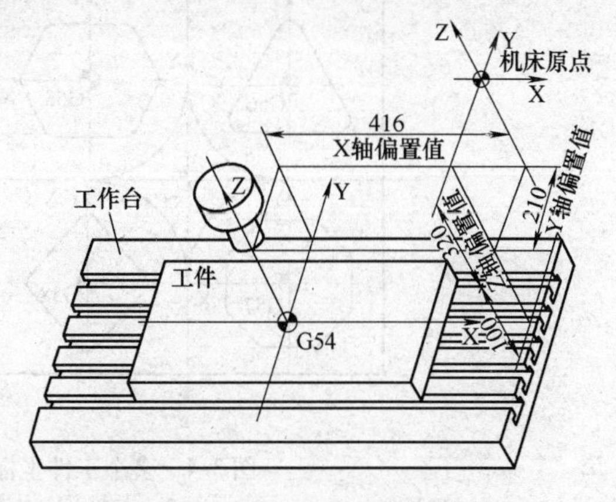

图 3-3　G54 工件坐标系设定

G54 工件坐标系的设定：

X -416.0

Y -210.0

Z -420.0

上述数据（即设定的程序原点在机床坐标系下的坐标值）可以通过手动方式（MDI 方式）输入相对应的 G54 坐标系存储器中，机床重新开机时，不需要重新设置，只需重新回零就可以。

格式：{G54 / G55 / G56 / G57 / G58 / G59}

应用程序如下：

```
…
G54 G90 G00 Z100；刀具离工件表面 100mm 处
X0 Y0；           刀具移动到工件中心位置
…
```

在实际编程时，可以选用一个或几个工件坐标系，但一旦指定了某个工件坐标系，则该工件坐标系原点即为当前程序原点，后续程序段中的工件绝对坐标均为相对此程序原点的值。

［**例 3-2**］　如图 3-4 所示，通过设定多个工件坐标系，实现同一工作台同时加工 5 个工件。

为了简化编程，可以在同一程序中设定 5 个工件坐标系，即 G54 ~ G58，分别把各自的工件坐标系设置到 5 个不同轮廓的基准点上，避免繁琐的尺寸换算。在加工之前，首先设置 G54 ~ G58 程序原点偏置。

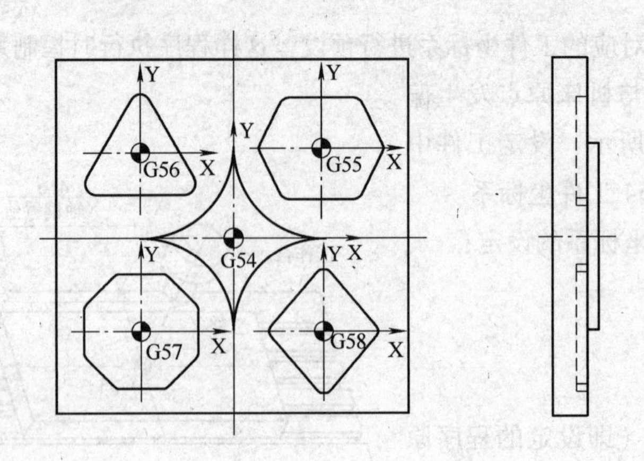

图 3-4　多个工件坐标系设置

然后调用如下程序：

…	
N04　G54　G00　X0　Y0；	将程序原点定义在第一个轮廓上
…	加工第一个轮廓
N20　G55　G00　X0　Y0；	将程序原点定义在第二个轮廓上
…	加工第二个轮廓
N42　G56　G00　X0　Y0；	将程序原点定义在第三个轮廓上
…	加工第三个轮廓
N42　G57　G00　X0　Y0；	将程序原点定义在第四个轮廓上
…	加工第四个轮廓
N62　G58　G00　X0　Y0；	将程序原点定义在第五个轮廓上
…	加工第五个轮廓

执行 N04 程序段时，系统会选定 G54 坐标系作为当前坐标系，然后再执行 G00 移动到第一个轮廓中心点（程序原点）上，进行轮廓的加工。当执行 N20 程序段时，系统又会选择 G55 坐标系作为当前工件坐标系，替代 G55 工件坐标系，执行 G00 指令移动到 G55 指定的第二轮廓中心点上，进行下一轮廓的加工。同理，直到最后轮廓加工完毕。

G92 与 G54 ~ G59 指令使用方法的区别：

① G92 指令在程序中直接指定工件坐标系，其后续坐标值指定当前工件坐标系位置，所以必须使用一个独立程序段来指定，该程序段尽管有位置指令值，但不产生运动。而使用 G54 ~ G59 指令时，需要进行预设，在程序中可以

单独一个程序段指定，也可以与其他指令同段指定，如果指定的程序段中有位置指令就会产生运动。

② 使用 G92 指令指定工件坐标系时，机床当前坐标位置为系统偏置的基准点，所以在加工之前必须保证机床处于加工起点，即对刀点。而对 G54 ~ G59 指令而言就只要在加工之前对程序中相应的工件坐标系设定，就可建立工件坐标系，通过使用定位指令自动定位到加工起始点。

3.2　准备功能 G 代码

准备功能指令由 G 和其后 1 ~ 2 位数值组成，它用来指定机床的运动、机床坐标系、坐标平面、刀具补偿、坐标偏置等多种加工操作。

G 代码指令功能目前日趋标准化，但因数控系统的不同，一些 G 代码指令功能将有所差别，编程人员在编程时应参考相关《数控编程手册》。华中世纪星 HNC - 21M 数控装置 G 功能指令见表 3-1。

表 3-1　G 代码准备功能说明

G 代码	组别	功 能	G 代码	组别	功 能
G00		快速定位	★G40		刀具半径补偿取消
★G01	01	直线插补	G41	09	左刀补
G02		顺时针圆弧插补	G42		右刀补
G03		逆时针圆弧插补	G43		刀具长度正向补偿
G04	00	暂停	G44	10	刀具长度负向补偿
G07	16	虚轴指定	★G49		刀具长度补偿取消
G09	00	准停校验	★G50	04	缩放关
★G17		XY 平面选择	G51		缩放开
G18	02	ZX 平面选择	G52	00	局部坐标系设置
G19		YZ 平面选择	G53		机床坐标系设置
G20		英制	★G54		第一工件坐标系
★G21	08	公制	G55		第二工件坐标系
G22		脉冲当量	G56		第三工件坐标系
G24	03	镜像开	G57	11	第四工件坐标系
★G25		镜像关	G58		第五工件坐标系
G28	00	返回到参考点	G59		第六工件坐标系
G29		由参考点返回	G60	00	单方向定位

（续）

G代码	组别	功能	G代码	组别	功能
★G61	12	精确停止校验方式	G85	06	镗孔循环
G64		连续方式	G86		镗孔循环
G65	00	子程序调用	G87		反镗循环
G68	05	旋转变换	G88		镗孔循环
★G69		旋转取消	G89		镗孔循环
G73	06	深孔钻削循环	★G90	13	绝对坐标编程
G74		左旋螺纹攻螺纹循环	G91		相对坐标编程
G76		精镗循环	G92	00	工件坐标系设定
★G80		固定循环取消	★G94	14	每分钟进给
G81		钻孔循环	G95		每转进给
G82		钻孔循环	★G98	15	循环返回起始点
G83		深孔钻孔循环	G99		循环返回参考平面
G84		攻螺纹循环			

注：1. 当机床电源打开或按重置键时，标有“★”符号的G代码被激活，即默认状态。

2. 不同组别G代码可以放在同一程序段中指定，而且与顺序无关，如果在同一程序中指定同组G代码，最后指定的G代码有效。

3. 00组中的G代码是非模态的，其他组的G代码是模态的。

G功能有非模态G功能和模态G功能之分：

● 模态G功能

一组可相互注销的G功能，这些功能一旦被执行，则一直有效，直到被同一组的G功能注销为止。

● 非模态G功能

只在所规定的程序段中有效，程序段结束时被注销。

下面介绍常用G代码编程指令的应用。

1. 编程方式G90、G91

机床运动轴的移动方式，可以通过绝对坐标编程和相对坐标编程方式来指定。

1）绝对坐标编程G90　刀具运动过程中所有的刀具位移坐标都相对于程序原点的坐标，在程序中用G90指定。

2）相对坐标编程G91　程序段中的刀具位移坐标为增量坐标值，即刀具当前点的坐标值，是以前一点坐标为基准而得，是一个增量值，在程序中用G91指定。

格式：$\begin{Bmatrix} G90 \\ G91 \end{Bmatrix}$

[**例3-3**]　如图3-5所示加工三个孔，分别采用绝对坐标编程和相对坐标编程。

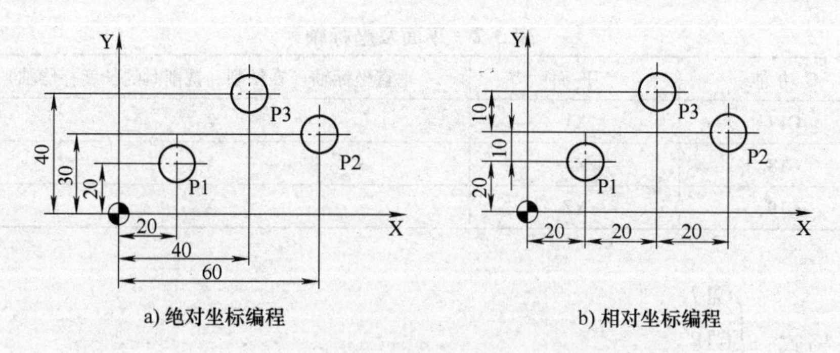

图3-5　绝对坐标编程与相对坐标编程

绝对坐标编程：

G90　G00　X20　Y20；	绝对坐标编程，快速定位到P1点
…	加工第一个孔
G90　G00　X60　Y30；	绝对坐标编程，快速定位到P2点
…	加工第二个孔
G90　G00　X40　Y40；	绝对坐标编程，快速定位到P3点
…	加工第三个孔

相对坐标编程：

G91　G00　X20　Y20；	相对坐标编程，快速定位到P1点
…	加工第一个孔
G91　G00　X60　Y30；	相对坐标编程，快速定位到P2点
…	加工第二个孔
G91　G00　X40　Y40；	相对坐标编程，快速定位到P3点
…	加工第三个孔

在选用编程方式时，应根据具体情况加以选用，同样的路径选用不同的方式其编制的程序有很大区别。一般绝对坐标编程适合在所有目标点相对程序原点的位置都十分清楚的情况下使用，反之，采用相对坐标编程。

需要注意的是：在编制程序时，程序数控指令开始的时候，必须指明编程方式，默认为G90。

2. 平面选择 G17、G18、G19

在铣削过程中系统在进行圆弧插补和刀具半径补偿时必须首先指定一个平面，即确定一个两坐标轴的坐标平面。对于钻头、铣刀，长度补偿的坐标轴为所选平面的垂直坐标轴，见表 3-2。

表 3-2　平面及坐标轴

G 功 能	平 面	垂直坐标轴（在钻削、铣削时的长度补偿轴）
G17	XY	Z
G18	ZX	Y
G19	YZ	X

格式：{G17 / G18 / G19}

其中各平面坐标关系如图 3-6 所示。

G17、G18、G19 为模态功能可相互注销，G17 为默认值。

注意：平面选择与坐标轴移动无关，不管选用哪个平面，各坐标轴的移动指令均会执行。例如，G17 G01 Z10 指令，Z 轴照样会移动。

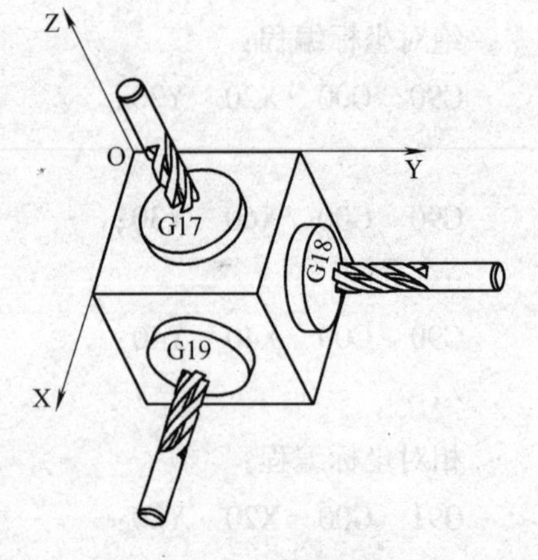

图 3-6　各平面坐标关系

3. 快速定位 G00

刀具以系统预先设定的速度以点位控制方式从当前所在位置快速移动到指令给出的目标位置。只能用于快速定位，不能用于切削加工。进给速度 F 对 G00 指令无效。该指令常使用在程序开头和结束处，刀具远离工件时，快速接近工件，程序结束时，刀具快速离开工件。

格式：G00 X__　Y__　Z__;

例如：执行 G90 G00 X0 Y0 Z100. 0 程序段，刀具将以绝对编程方式快速定位到（0，0，100）的位置。

在执行 G00 指令时，由于各轴以各自速度移动，不能保证各轴同时到达终点，因而联动直线轴的合成轨迹不一定是直线。为了避免刀具在安全高度以下首先在 XY 平面内快速运动而与工件或夹具发生碰撞，常见的做法是，将 Z

轴移动到安全高度，再执行 X、Y 轴移动指令。

如：G00 Z100.0；刀具首先快速移到 Z = 100.0mm 高度的位置

X0. Y0.；　　刀具接着快速定位到工件原点的上方

G00 为模态功能，可由 G01 、G02 、G03 或 G33 功能注销。

注意：进给速度 F 对 G00 指令无效，其快速移动速度由机床系统参数设定，同时可以通过面板上的快速修调旋钮调整。

［**例 3-4**］如图 3-7 所示，使用 G00 编程，要求刀具从 A 点快速定位到 B 点。

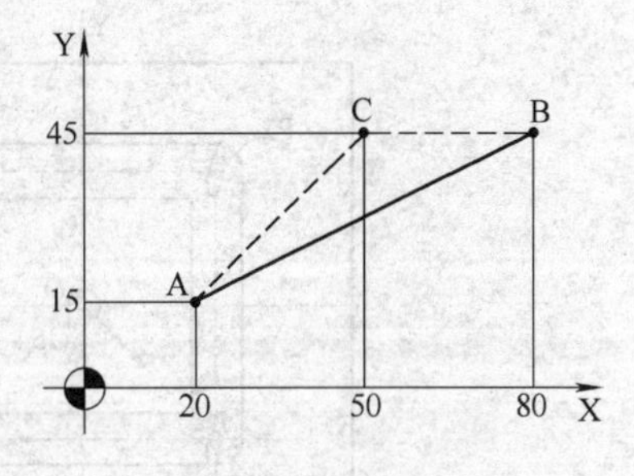

图 3-7　G00 编程

参考程序：

1）绝对坐标编程

G90　G00　X80　Y45；

2）相对坐标编程

G91　G00　X60　Y30；

当 X 轴和 Y 轴的快进速度相同时，从 A 点到 B 点的快速定位路线为 A→C→B，即以折线的方式到达 B 点，而不是以直线方式从 A→B，此处直线 AC 与 X 轴夹角是 45°。

4. 直线插补 G01

刀具作两点间的直线运动加工时使用该指令，G01 表示刀具从当前位置开始以给定的切削速度 F，沿指令给出的目标位置直线移动。

使用格式：G01 X__　Y__　Z__　F__；

［**例 3-5**］　如图 3-8 所示，刀具从 A 点直线插补到 B 点。

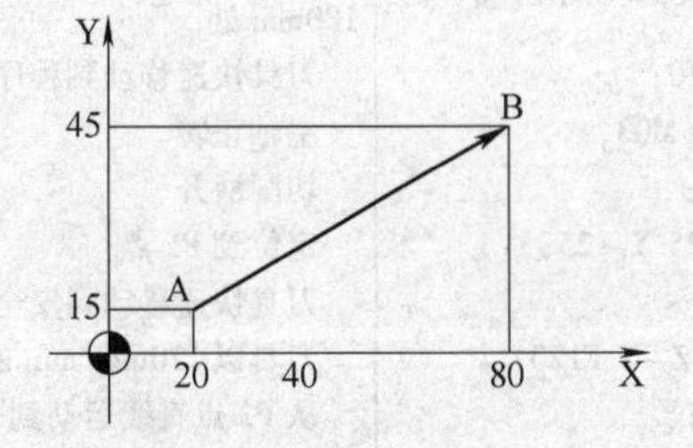

图 3-8　G01 编程

参考程序：

1）绝对坐标编程：

G90　G01　X80　Y45　F100；

2）相对坐标编程：

G91　G01　X60　Y30　F100；

一般用法：G01、F 指令均为模态指令，有继承性，即如果上一段程序为 G01，则本程序可以省略不写。X、Y、Z 为终点坐标值也同样具有继承性，即如果本程序段的 X（或 Y 或 Z）的坐标值与上一程序段的 X（或 Y 或 Z）坐标值相同，则本程序段可以不写 X（或 Y 或 Z）坐标。F 为进给速度，单位为 mm/min，同样具有继承性。

注意：①G01 与坐标平面的选择无关；②切削加工时，一般要求进给速度恒定，因此，在一个稳定的切削加工过程中，往往只在程序开头的某个插补（直线插补或圆弧插补）程序段写出 F 值。

［**例 3-6**］　加工如图 3-9 所示零件，选用立铣刀直径为 ϕ10mm，走刀路径为 P1→P2→P3→P4，起刀点为程序原点 O（0，0，100），采用绝对坐标编程。

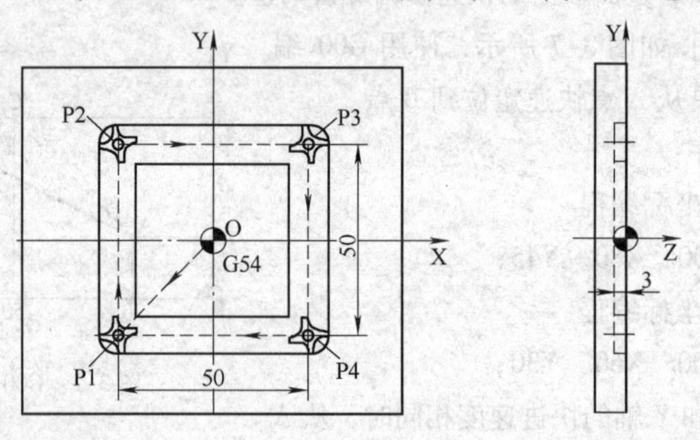

图 3-9　加工方槽

在编程时，首先确定工件编程原点，在该零件图上选择零件的对称中心为程序原点，选择 G54 工件坐标系，参考程序如下。

程　序	说　明
O0001；	加工四方
%0001；	
G90 G54 G00 Z100；	绝对坐标编程，选用 G54 工件坐标系，刀具快速移动到离工件表面 100mm 处
X0 Y0；	刀具快速移动到程序原点
S800 M03；	主轴正转
M08；	切削液开
X－25 Y－25；	定位到 P1 点
Z5；	刀具快速移动到安全高度
G01 Z－3 F120；	刀具以 120mm/min 的进给速度直线进给，切削深度 3mm
Y25；	从 P1 点直线运动到 P2 点
X25；	从 P2 点直线运动到 P3 点
Y－25；	从 P3 点直线运动到 P4 点
X－25	从 P4 点直线运动到 P1 点
G00 Z100；	刀具快速远离工件表面 100mm 处
X0 Y0；	刀具返回到程序原点
M09；	切削液关
M05；	主轴停止
M30；	程序结束并复位

相关知识点：

（1）程序原点的设置

程序原点的选择一般根据以下几点原则：

① 尽量满足编程简单，尺寸换算少。

② 便于对刀或测量。

③ 引起的加工误差最小。

一般情况下，以坐标式尺寸标注的零件，程序原点应选在尺寸标注的基准点；对称零件或以同心圆为主的零件，程序原点应选在对称中心线或圆心上；Z 轴的程序原点通常选在工件的上表面。

（2）安全高度的确定

对于铣削加工，为了提高加工效率及保证刀具在停止状态时不与加工零件和夹具发生碰撞，起刀点和退刀点必须离开加工零件上表面（即工件平面）一个安全高度。在安全高度时，通过刀具端面或刀尖所在平面称为安全平面，如图 3-10 所示。

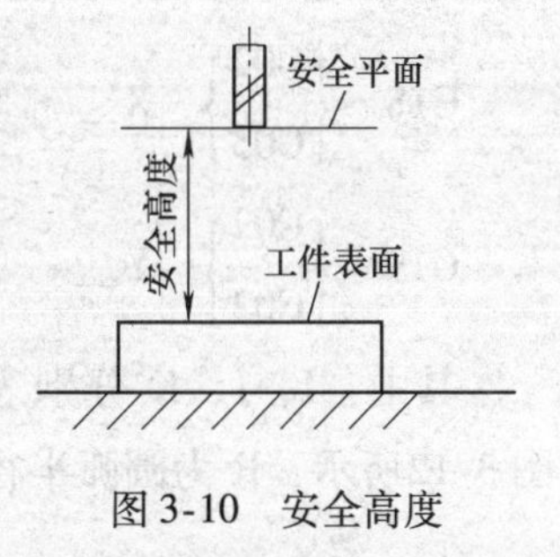

图 3-10　安全高度

5. 圆弧插补 G02、G03

刀具沿圆弧轮廓所给出平面以一定的进给速度从起始点运行到指令给出的目标位置。G02 为顺时针圆弧插补指令，G03 为逆时针圆弧插补指令。

G02 和 G03 圆弧插补判别方法：根据右手直角坐标系，从垂直于圆弧插补平面（如 X、Y 平面）轴（Z 轴）的正方向朝负方向看圆弧的走向，顺时针方向为 G02，逆时针方向为 G03。各平面的圆弧走向如图 3-11 所示。

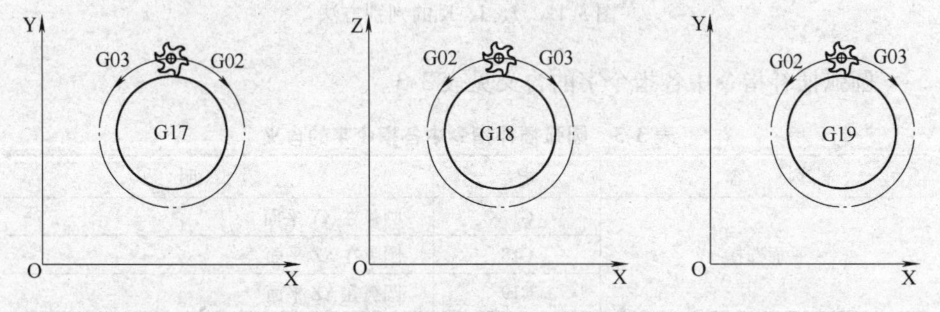

图 3-11　G02、G03 判别方法

G02 和 G03 与坐标平面的选择有关，G02 和 G03 使用格式有两种，即圆心格式和半径格式。

1）圆心格式：

$$G17\begin{Bmatrix}G02\\G03\end{Bmatrix}\ X\_\ \ Y\_\ \ I\_\ \ J\_\ \ F\_;$$

$$G18\begin{Bmatrix}G02\\G03\end{Bmatrix}\ X\_\ \ Z\_\ \ I\_\ \ K\_\ \ F\_;$$

$$G19\begin{Bmatrix}G02\\G03\end{Bmatrix}\ Y\_\ \ Z\_\ \ J\_\ \ K\_\ \ F\_;$$

2）半径格式：

$$G17\begin{Bmatrix}G02\\G03\end{Bmatrix}\ X\_\ \ Y\_\ \ R\_\ \ F\_;$$

$$G18\begin{Bmatrix}G02\\G03\end{Bmatrix}\ X\_\ \ Z\_\ \ R\_\ \ F\_;$$

$$G19\begin{Bmatrix}G02\\G03\end{Bmatrix}\ Y\_\ \ Z\_\ \ R\_\ \ F\_;$$

其中：I、J、K 分别表示圆弧起点到圆心 X、Y、Z 方向的增矢量，如图 3-12所示，R 为圆弧半径。

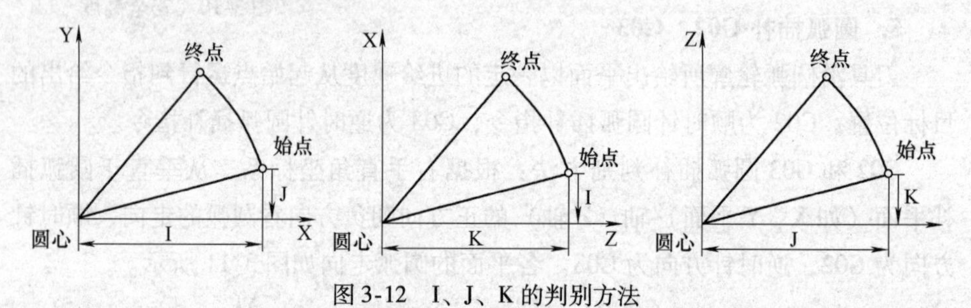

图 3-12 I、J、K 的判别方法

圆弧插补指令中各指令字的含义见表 3-3。

表 3-3 圆弧插补指令中各指令字的含义

内容		指令	说明
平面选择		G17	圆弧在 XY 平面
		G18	圆弧在 XZ 平面
		G19	圆弧在 YZ 平面
圆弧走向		G02	顺时针（CW）圆弧插补
		G03	逆时针（CCW）圆弧插补
圆弧终点坐标	绝对坐标（G90）	X、Y、Z	坐标系中圆弧终点坐标
	相对坐标（G91）	X、Y、Z	圆弧终点与起点的相对坐标

（续）

内容	指令	说明
圆弧圆心	I、J、K	圆弧起点到圆心在X、Y、Z轴上的增矢量值，见图3-12
圆弧半径	R	圆弧半径

使用G02或G03两种指令的区别：

① 当圆弧角小于等于180°时，圆弧半径R为正值，反之，R为负值。

② 以圆弧始点到圆心坐标的增矢量（I、J、K）来表示，适合任何的圆弧角使用，得到的圆弧是唯一的。

③ 切削整圆时，为了编程方便采用（I、J、K）格式编程，不使用圆弧半径R格式。

④ 同时编入R与I、J、K时，R有效。

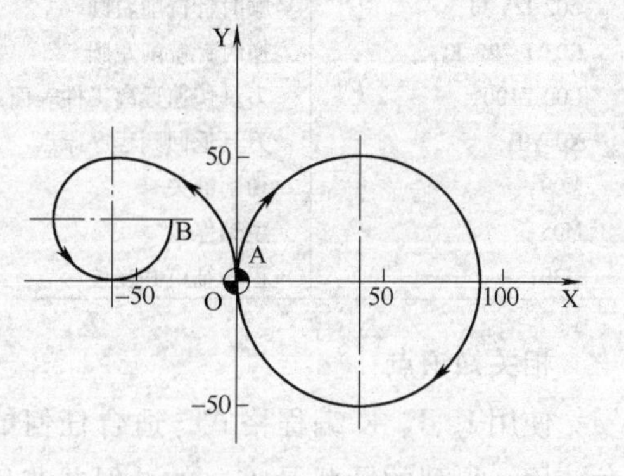

图3-13　G02/G03编程

［**例3-7**］如图3-13所示，A点为始点，B点为终点，编制加工程序。

参考程序如下：

G90 G17 G02 X0 Y0 I50 J0 F100；	绝对坐标编程，刀具以100mm/min切削速度顺时针铣削整圆
G03 X－50 Y50 R50；	逆时针铣削1/4圆弧
X－25 Y25 R－25；	逆时针铣削3/4圆弧

［**例3-8**］　如图3-14所示工件轮廓，选用立铣刀直径为ϕ10mm，走刀路径如图所示，起刀点为程序原点上方100mm处。

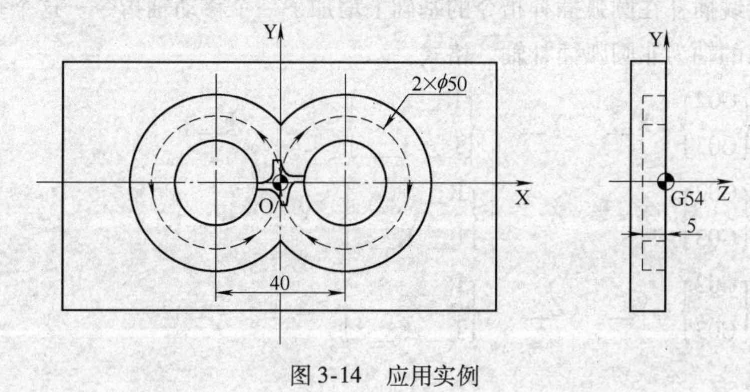

图3-14　应用实例

参考程序：

程　序	说　明
O0002；	加工四方
G90 G54 G00 Z100；	绝对坐标编程，选用 G54 工件坐标系，刀具快速移动到离工件表面 100mm 处
X0 Y0；	刀具快速移动到程序原点
S800 M03；	主轴正转
M08；	切削液开
Z5；	刀具快速移动到安全高度
G01 Z－5 F120；	刀具以 120mm/min 的进给速度直线进给，切削深度 5mm
G02 I25 J0；	顺时针铣削右圆
G03 I－25 J0；	逆时针铣削左圆
G00 Z100；	刀具快速远离工件表面 100mm 处
X0 Y0；	刀具返回到程序原点
M09；	切削液关
M05；	主轴停止
M30；	程序结束并复位

相关知识点：

使用 I、J、K 编程格式，适合任何的圆弧角使用，得到的圆弧是唯一的。但并非任何圆心角圆弧轮廓都采用 I、J、K 来进行编程，要看圆弧轮廓实际情况而定，有时使用 R 编程格式，可以简化编程。

6. 螺旋线插补指令 G02、G03

在进行圆弧插补时，垂直于插补平面的轴同时运动，即螺旋线插补，如图 3-15 所示。

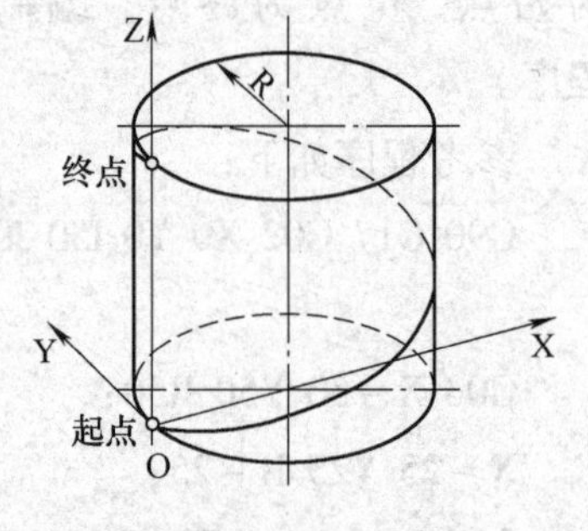

图 3-15　螺旋线插补

螺旋线插补在圆弧插补指令的基础上增加了一个移动轴指令。这个垂直于插补平面的轴为非圆弧插补轴。格式：

$$G17\begin{Bmatrix}G02\\G03\end{Bmatrix}\ X\_\ \ Y\_\ \begin{Bmatrix}R\_\\I\_\ \ J\_\end{Bmatrix}\ Z\_\ \ F\_;$$

$$G18\begin{Bmatrix}G02\\G03\end{Bmatrix}\ X\_\ \ Z\_\ \begin{Bmatrix}R\_\\I\_\ \ K\_\end{Bmatrix}\ Y\_\ \ F\_;$$

$$G19\begin{Bmatrix}G02\\G03\end{Bmatrix}\ Y\_\ \ Z\_\ \begin{Bmatrix}R\_\\J\_\ \ K\_\end{Bmatrix}\ X\_\ \ F\_;$$

式中：

X、Y、Z：螺旋线插补终点坐标；

I、J、K：圆心在X、Y、Z轴上相对于螺旋线起点的坐标；

R：螺旋线在插补平面上的投影半径；

两种格式的区别与平面上的圆弧插补类似。

［**例3-9**］　如图3-16所示使用立铣刀铣削螺旋槽，已知螺旋槽起点或终点位置，立铣刀直径为ϕ10mm，刀具初始位置为（0，0，100），试编制铣削螺旋槽的数控程序。

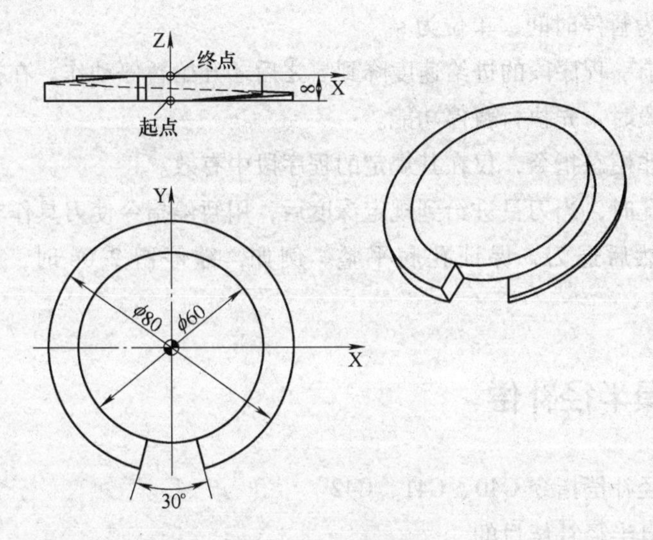

图3-16　螺旋槽加工

参考程序：

程　序	说　明
O26；	主程序
G90 G54 G00 Z100；	加工前准备指令
X0 Y0；	快速定位到工件零点位置
S800 M03；	主轴正转
Y－35；	定位到铣削螺旋槽的起点位置
M08；	切削液开
Z5；	快速定位到安全高度
G01 Z－8 F80；	切削进给
G03 X0 Y－35 R－35 Z8；	铣削螺旋槽
G00 Z100；	快速返回到初始位置
X0 Y0；	返回程序原点
M09；	切削液关
M05；	主轴停
M30；	程序结束

相关知识点：

① 螺旋线插补指令可以用来铣削螺纹，其左、右旋向以 G02、G03 指令来控制。

② 在新的系统中，除了上述圆柱螺旋线插补外，还可以进行圆锥插补，直线轴多至四轴。

7. 暂停指令 G04

格式：G04 P__；

式中 P 为暂停时间，单位为 s。

G04 在前一程序段的进给速度降到零之后才开始暂停动作。在执行含 G04 指令的程序段时，先执行暂停功能。

G04 为非模态指令，仅在其规定的程序段中有效。

如加工孔时，当刀具进给到规定深度后，用暂停指令使刀具作非进给光整切削运动，然后退刀，保证孔底平整。例如，欲停留 2.0s 时，程序段为：G04 P2；

3.3　刀具半径补偿

刀具半径补偿指令 G40、G41、G42

（1）刀具半径补偿目的

在进行轮廓铣削加工时，由于刀具的运动轨迹为刀心轨迹，而铣刀具有一定的半径，所以实际加工轮廓与工件轮廓不重合，将会过切一个刀具半径值。若数控装置不具备刀具半径自动补偿功能，则只能按刀心轨迹进行编程（图 3-17所示虚线），其数值计算有时相当复杂，尤其当刀具磨损、重磨、换新刀等导致刀具直径变化时，必须重新计算刀心轨迹，修改程序，这样既繁琐，又不易保证加工精度。当数控系统具备刀具半径补偿功能时，编程只需按工件轮廓线进行（图 3-17 所示粗实线），数控系统会自动计算刀心轨迹坐标，使刀具偏离工件轮廓一个半径值，即进行半径补偿。

（2）刀具半径补偿的方法

数控刀具半径补偿就是将刀具中心轨迹过程交由 CNC 系统执行，编程时假设刀具的半径为零，直接根据零件的轮廓形状进行编程，而实际的刀具半径则存放在一个可编程刀具半径偏置寄存器中，在加工过程中，CNC 系统根据零件程序和刀具半径自动计算出刀具中心轨迹，完成对零件的加工。当刀具半

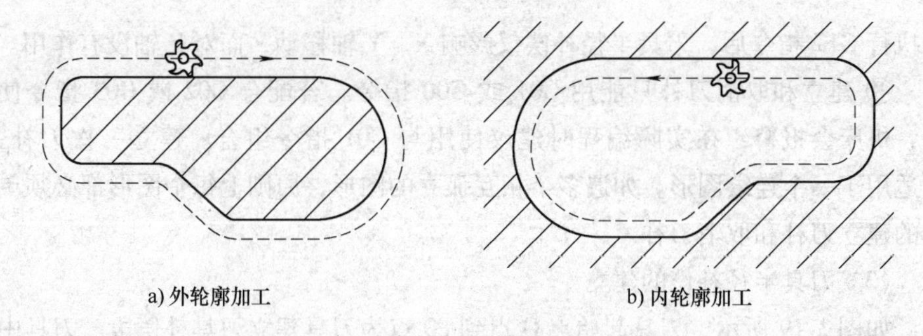

a) 外轮廓加工　　b) 内轮廓加工

图 3-17　轮廓加工

径发生变化时，不需要修改零件程序，只需修改存放在刀具半径偏置寄存器中的半径值或选用另一个刀具半径偏置寄存器中的刀具半径所对应的刀具即可。

在系统执行程序时，只要碰到 G41 或 G42 指令，控制器就会自动调用预先设置的刀具半径偏置寄存器 D 中的补偿值，自动计算出当前刀具运动所产生的与编程轮廓等距离的刀具轨迹。

G41 指令为刀具半径左补偿（左刀补），G42 指令为刀具半径右补偿（右刀补），G40 指令为取消刀具半径补偿。这是一组模态指令，在用 G40 指令撤销之前一直有效，此功能一旦建立，系统自动计算出当前刀具中心运行所产生的与轮廓等距的轨迹，默认为 G40。

格式：

$$G17 \quad \begin{Bmatrix} G00 \\ G01 \end{Bmatrix} \quad \begin{Bmatrix} G41 \\ G42 \\ G40 \end{Bmatrix} \quad X\_\_ \quad Y\_\_;$$

$$G18 \quad \begin{Bmatrix} G00 \\ G01 \end{Bmatrix} \quad \begin{Bmatrix} G41 \\ G42 \\ G40 \end{Bmatrix} \quad X\_\_ \quad Z\_\_;$$

$$G19 \quad \begin{Bmatrix} G00 \\ G01 \end{Bmatrix} \quad \begin{Bmatrix} G41 \\ G42 \\ G40 \end{Bmatrix} \quad Y\_\_ \quad Z\_\_;$$

说明：

① 刀具半径补偿 G41、G42 判别方法，如图 3-18 所示，该平面为 X－Y 平面，根据 ISO 标准规定沿着刀具运动方向看，刀具位于工件轮廓（编程轨迹）左边，则为左补偿 G41，反之，为刀具的右补偿 G42。

② 建立刀具半径补偿时必须选择工作平面，如选用工作平面 G17 指令，

当执行 G17 指令后，刀具半径补偿仅影响 X、Y 轴移动，而对 Z 轴没有作用。

③ 建立和取消刀补只能用 G01 或 G00 指令。若配合 G02 或 G03 指令使用，机床会报警，在实际编程时建议使用与 G01 指令组合。建立一次刀补，只适用于一个连续图形。如遇多个相互孤立的图形，原则上每个图形都必须单独的建立刀补和取消刀补。

(3) 刀具半径补偿的建立

如图 3-19 所示，刀具起始点 O 点到 P0 点为刀具建立刀具补偿段。刀具中心从起始点 O 开始建立刀具补偿，当刀具中心运动到 P1 或 P2 点，建立刀具补偿结束，刀具中心偏离加工轮廓一个刀具半径补偿值，这时刀具处于偏置状态。刀具的中心轨迹如图 3-19 细实线所示。刀具半径补偿偏置方向由 G41 或 G42 指令确定。

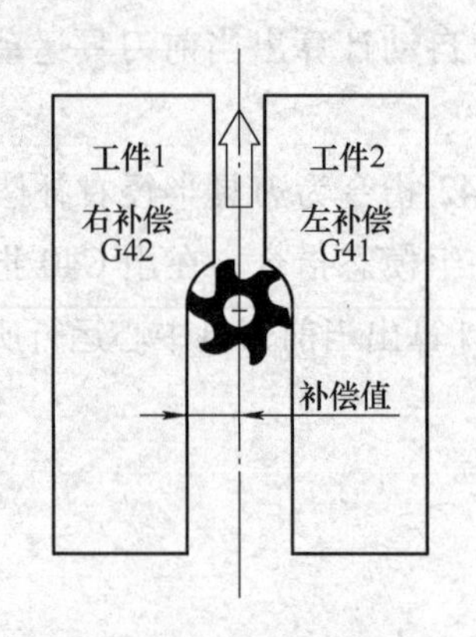

图 3-18　刀补判别方法

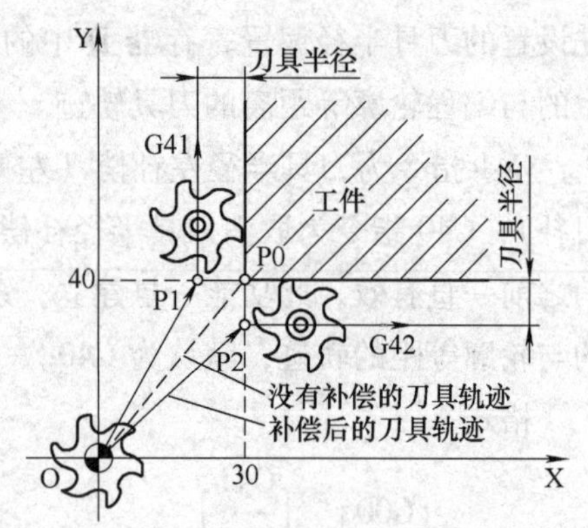

图 3-19　刀补的建立与取消

(4) 刀具半径补偿的取消

当完成轮廓加工时，要对所偏置的刀具进行注销，即取消刀具半径补偿。与建立刀具半径补偿过程类似，假如退刀点与起刀点相同的话，如图 3-19 所示，则刀具中心从 P1 或 P2 退刀点开始取消刀具半径补偿，直到刀具中心运动的 O 点刀具半径补偿完全取消完毕，刀具重新处于无偏置状态。

[例 3-10]　如图 3-19 所示，用刀具左补偿（G41）建立刀具半径补偿。

参考程序：

…

N10　G90　G54　G00　X0　Y0　Z100;　　定义程序原点，起刀点坐标为（0，0，100）

N12　S800　M03；　　启动主轴

N14　G01　G41　X30　Y40　D1；　　建立刀具半径左补偿，刀具半径偏置寄存器号 D1

…

N20　G01　G40　X0　Y0；　　刀具半径补偿取消

…

其中 D1 为刀具偏置参数号，系统根据此刀具偏置参数号取补偿值，在系统执行程序之前，其补偿值（刀具半径值）在相应号中设定。如采用 ϕ16 立铣刀，则设定刀具半径补偿 D1 = 8mm。

使用刀具半径补偿的注意事项：

① D 代码为模态指令。

② 刀具半径偏置号是用 D 代码指定的。可在从偏置取消状态变到刀具半径补偿状态之前的任何地方指定，即从 G40 指令到 G41 或 G42 指令程序段之间任何地方给出刀具半径补偿号 D，也可以与 G41 或 G42 指令同一程序段给出，但一般不得在 G41 或 G42 指令之后给出刀补，否则系统就认为刀具半径为零。

③ 在补偿状态，除非中途需要变更偏移量，否则不需要重新指定。若程序段中有多个刀具半径补偿号 D，系统将取前面程度段中最后一个 D 代码。

④ 正负偏移量改变。如果把偏移量设为负值时，则加工出的工件相当于把程序单上 G41 与 G42 全部变换时的情况，如图 3-20 所示。刀具沿轮廓外侧加工时，当偏移量变更符号后，变为沿轮廓内侧加工。

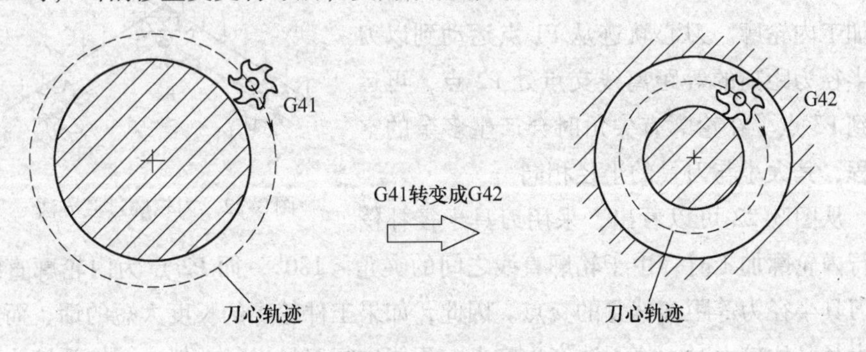

图 3-20　偏移量由正变负

注意：加工拐角轮廓（带有尖角圆弧插补的图形），偏移量设为负值后，不能加工零件的内侧圆形。若切削拐角内轮廓时，必须在拐角处插入适当半径的圆弧，即插入圆弧半径要大于或等于刀具半径偏移量。

(5) 刀具半径补偿过程中的刀心轨迹

在G41或G42功能指令有效的情况下，刀具从一段轮廓到另一段轮廓以不连续的拐角过渡时，其拐角过渡的特性，一般通过机床参数来设定。

1）外轮廓加工　图3-21所示为刀具左补偿加工外轮廓。在加工轮廓过渡处的刀心轨迹常见的有两种。

① 相交线过渡。图3-21a所示为刀心轨迹从P1运动到偏置轮廓一个刀具半径的交点P2处，再运动到P3点。

② 圆弧过渡。图3-21b所示为刀心轨迹从P1点运动到偏置轮廓一个刀具半径的P2点，再以过渡圆弧形式运动到P3点，最后运动到P4点。

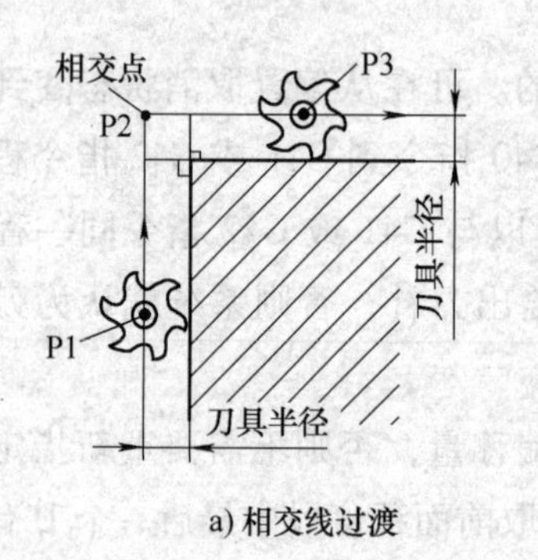

a) 相交线过渡

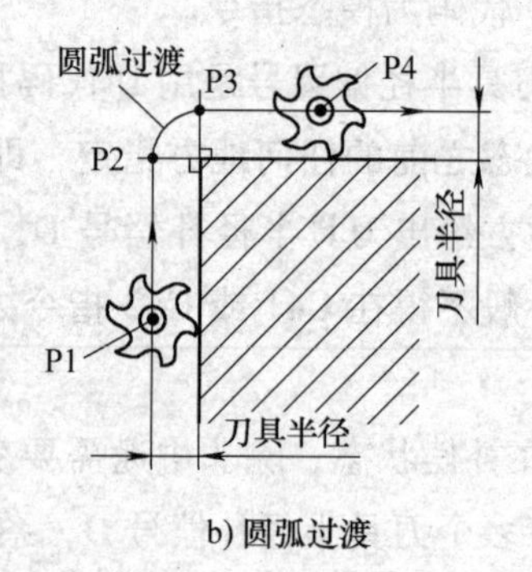

b) 圆弧过渡

图3-21　外轮廓过渡方法

2）内轮廓加工　图3-22所示为刀具右补偿加工内轮廓。刀心轨迹从P1点运动到以刀具半径为距离的等距离线交点处P2点，再运动到P3点。在轮廓有尖角时会产生多余的空行程，其大小与刀具的半径相同。

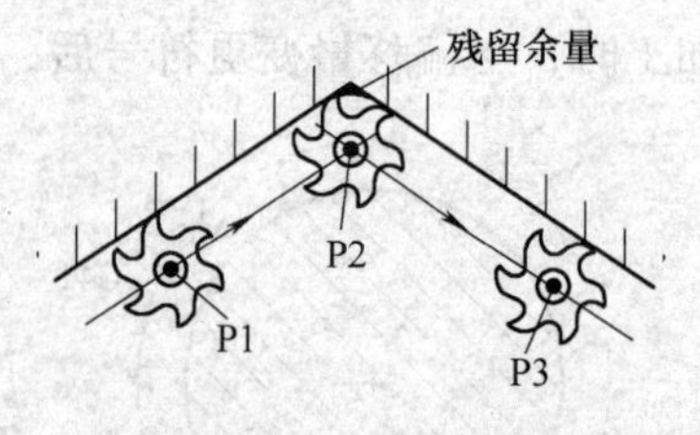

图3-22　内轮廓过渡方法

从图3-22可以看出，采用刀具半径补偿进行内轮廓加工时，由于轮廓直线之间的夹角<180°，而P2点为内轮廓直线以刀具半径为等距离偏置的交点。因此，如果工件轮廓的长度太短的话，而刀具半径又比较大时，将无法产生交点，不能进行刀具半径补偿，数控系统执行到该程序段时将会产生报警。

［**例3-11**］　加工图3-23所示轮廓，已知刀具起始点为（0，0，100），加工深度为5mm，使用刀具为ϕ16mm立铣刀，试编精加工程序。

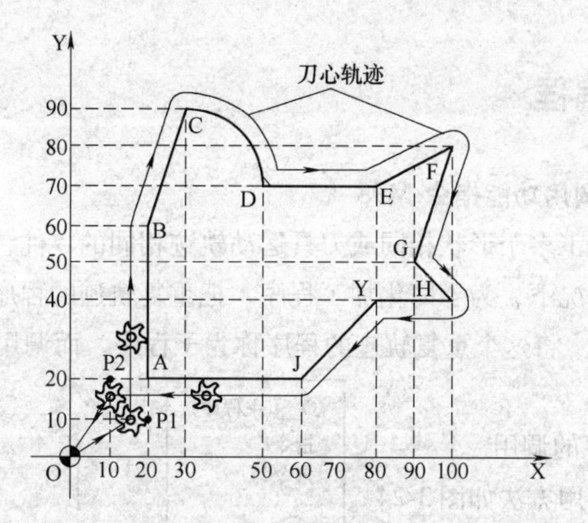

图 3-23　应用实例

参考程序

程　序	说　明
O1；	精加工轮廓
G90 G54 G00 Z100；	绝对坐标编程，选用 G54 工件坐标系，刀具快速移动到离工件表面 100mm 处
X0 Y0；	刀具快速移动到程序原点
S600 M03；	主轴正转
M08；	切削液开
Z5；	刀具快速移动到安全高度
G01 Z－5 F120；	刀具以 120mm/min 的进给速度直线进给，切削深度 5mm
G41 X20 Y10 D01；	建立左刀补，O→P1
Y60；	P1→B 直线插补
X30 Y90；	B→C 直线插补
G02 X50 Y70 R20；	C→D 圆弧插补
G01 X80；	D→E 直线插补
X100 Y80；	E→F 直线插补
X90 Y50；	F→G 直线插补
X100 Y40；	G→H 直线插补
X80；	H→Y 直线插补
X60 Y20；	Y→J 直线插补
X10；	J→P2 直线插补
G40 X0 Y0；	取消刀补
G00 Z100；	刀具快速远离工件表面 100mm 处
M09；	切削液关
M05；	主轴停止
M30；	程序结束并复位

3.4　简化编程

1. 子程序调用功能指令 M98

一次装夹加工多个形状相同或刀具运动轨迹相同的零件，即一个零件有重复加工部分的情况下，为了简化加工程序，把重复轨迹的程序段独立编成一程序进行反复调用，将这个重复轨迹的程序称为子程序，而调用子程序的程序称为主程序。

（1）子程序的调用

子程序的调用方法如图 3-24 所示。需要注意的是，子程序还可以调用另外的子程序。从主程序中被调用出的子程序称一重子程序，共可调用四重子程序，如图 3-25 所示。

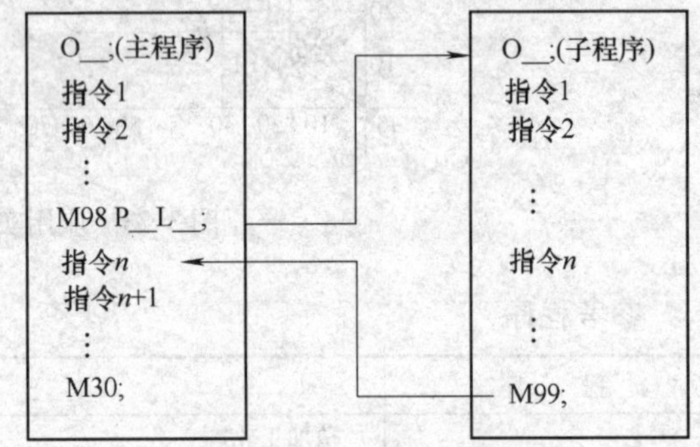

图 3-24　子程序的调用

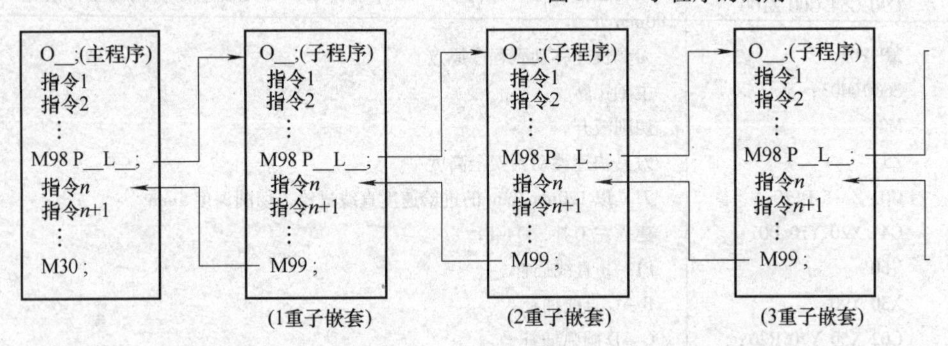

图 3-25　子程序嵌套

在子程序中调用子程序与在主程序中调用子程序方法一致。

（2）格式：M98　P__　L__;

说明：P：子程序名；

L：重复调用次数，省略重复次数，则认为重复调用次数为 1 次。

例：M98 P200 L3;

表示程序号为 200 的子程序被连续调用 3 次，如图 3-26 所示。

子程序中必须用 M99 指令结束子程序并返回主程序。

［**例 3-12**］　加工如图 3-27 所示轮廓，已知刀具起始位置为（0，0，

100)，切削深度为10mm，试编制程序。

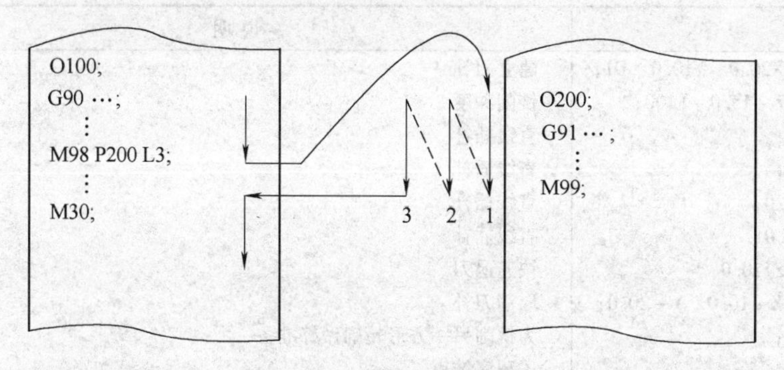

图3-26　子程序连续调用

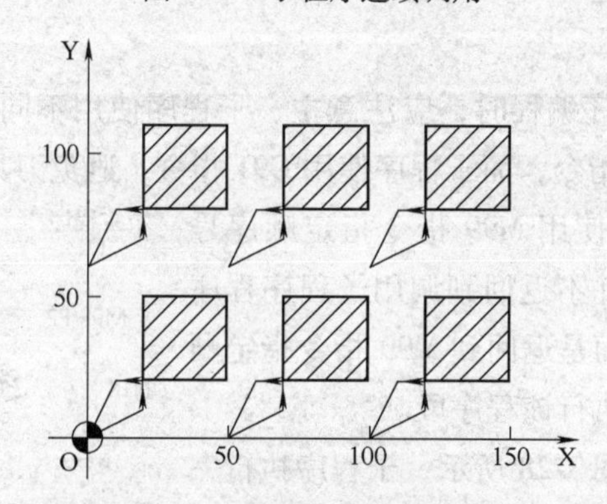

图3-27　子程序加工实例

参考程序：

程 序	说 明
O100；	主程序
G90　G54　G00　Z100.0 S800　M03；	加工前准备指令
M08；	切削液开
X0. Y0.；	快速定位到工件零点位置
M98　P200　L3；	调用子程序（O200），并连续调用3次，完成3个方形轮廓的加工
G90　G00　X0.　Y60.0；	快速定位到加工另3个方形轮廓的起始点位置
M98　P200　L3；	调用子程序（O200），并连续调用3次，完成3个方形
G90　G00　Z100.0；	轮廓的加工
X0. Y0.；	快速定位到工件零点位置
M09；	切削液关
M05；	主轴停
M30；	程序结束
O200；	子程序，加工一个方形轮廓的轨迹路径
G91　Z-95.0；	相对坐标编程

（续）

程 序	说 明
G41　X20.0　Y10.0　D1；	建立刀补
G01　Z－15.0　F100；	铣削深度
Y40.0；	直线插补
X30.0；	直线插补
Y－30.0；	直线插补
X－40.0；	直线插补
G00　Z110.0；	快速退刀
G40　X－10.0　Y－20.0；	取消刀补
X50.0；	为铣削另一方形轮廓做好准备
M99；	子程序结束

相关知识点：

① 在使用子程序编程时，应注意主、子程序使用不同的编程方式。一般主程序中使用 G90 指令，而子程序使用 G91 指令，避免刀具在同一位置加工。

② 当子程序中使用 M99 指令指定顺序号时，子程序结束时并不返回到调用子程序程序段的下一程序段，而是返回到 M99 指令指定顺序号的程序段，并执行该程序段。

编程举例：如图 3-28 所示，子程序执行完以后，执行主程序顺序号为 18 的程序段。

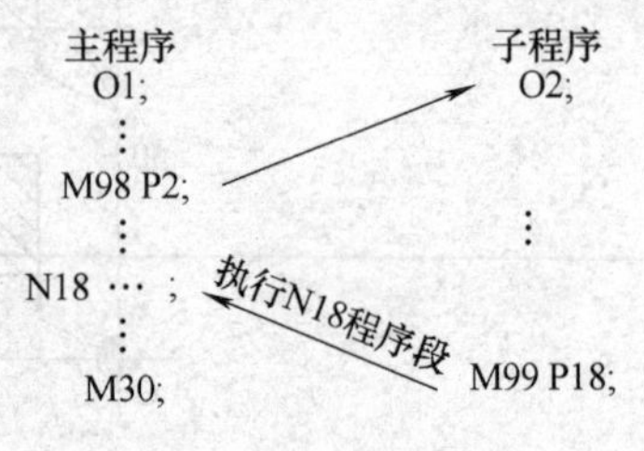

图 3-28　M99 顺序号的指定

2. 镜像功能 G24、G25

格式：G24　X__　Y__　Z__；

M98　P__

G25　X__　Y__　Z__；

式中：

G24 建立镜像；

G25 取消镜像；

X、Y、Z 镜像位置。

当工件相对于某一轴具有对称形状时，可以利用镜像功能和子程序，只对工件的一部分进行编程，而能加工出工件的对称部分，这就是镜像功能。

当某一轴的镜像有效时，该轴执行与编程方向相反的运动。

G24 、G25 为模态指令，可相互注销，G25 为默认值。

[**例 3-13**]　使用镜像功能编制如图 3-29 所示轮廓的加工程序，已知刀具起点为（0，0，100）。

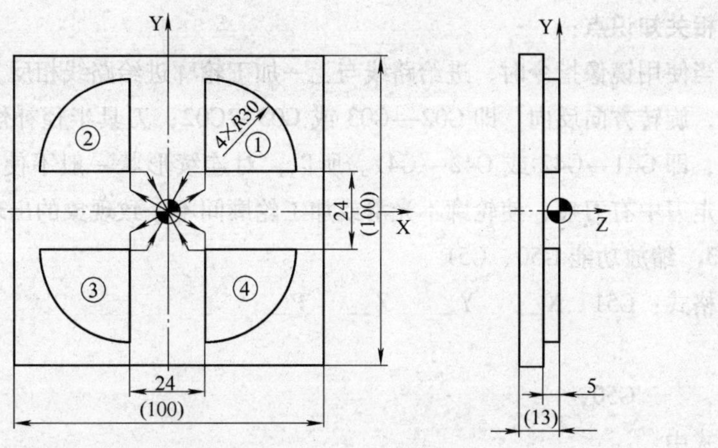

图3-29　镜像实例

参考程序：

程　序	说　明
O24;	主程序
G90 G54 G00 Z100;	加工前准备指令
X0 Y0;	快速定位到工件零点位置
S600 M03	主轴正转
M08;	切削液开
Z5;	快速定位到安全高度
M98 P100;	加工①
G24 X0;	Y轴镜像
M98 P100;	加工②
G24 Y0	X、Y轴镜像
M98 P100	加工③
G25 X0;	Y轴镜像取消，X镜像继续有效
M98 P100;	加工④
G25 Y0;	X轴镜像取消
G00 Z100;	快速返回
M09;	切削液关
M05;	主轴停
M30;	程序结束
O100;	子程序（①轮廓的加工程序）
G90 G01 Z-5 F100;	切削深度进给
G41 X12 Y10 D01;	建立刀补
Y42;	直线插补
G02 X42 Y12 R30;	圆弧插补
G01 X10;	直线插补
G40 X0 Y0;	取消刀补
G00 Z5;	快速返回到安全高度
M99;	子程序结束

相关知识点：

当使用镜像指令时，进给路线与上一加工轮廓进给路线相反，此时，圆弧指令，旋转方向反向，即 G02→G03 或 G03→G02；刀具半径补偿，偏置方向反向，即 G41→G42 或 G42→G41。所以，对连续形状一般不使用镜像功能，防止走刀中有刀痕，使轮廓不光滑或加工轮廓间不一致现象的出现。

3. 缩放功能 G50、G51

格式：G51　X__　Y__　Z__　P__;

　　　⋮

　　　G50;

式中：

G51：建立缩放；

G50：取消缩放；

X、Y、Z：缩放中心的坐标值；

P：缩放倍数。

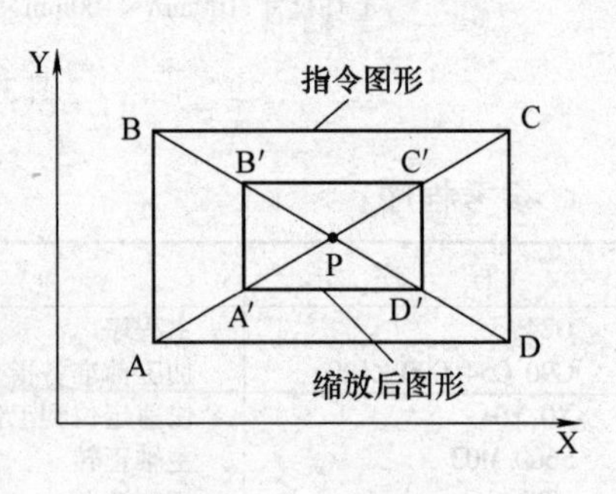

图 3-30　比例缩放

在 G51 后，运动指令的坐标值以（X，Y，Z）为缩放中心，按 P 规定的缩放比例进行计算，如图 3-30 所示。在有刀具补偿的情况下，先进行缩放，然后才进行刀具半径补偿、刀具长度补偿。

G51 既可指定平面缩放，也可指定空间缩放。

G51、G50 为模态指令，可相互注销，G50 为默认值。

［**例 3-14**］　编制如图 3-31 所示轮廓加工程序，已知刀具起始点位置为（0，0，100）。

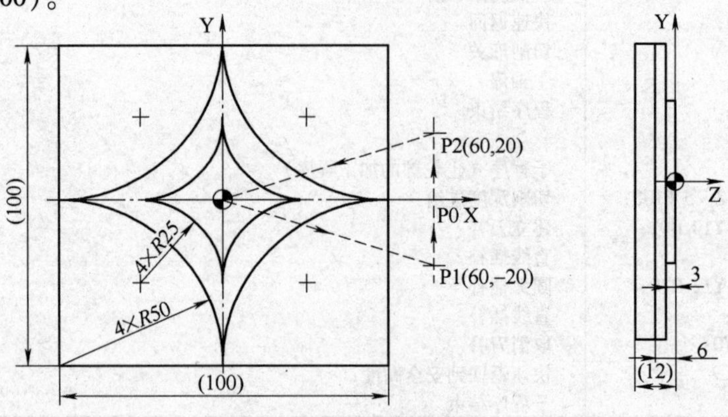

图 3-31　缩放实例

参考程序：

程　　序	说　　明
O24;	主程序
G90 G54 G00 Z100;	加工前准备指令
X0 Y0;	快速定位到工件零点位置
S600 M03	主轴正转
X60 Y-20;	快速定位到起刀点位置
Z5;	快速定位到安全高度
M08;	切削液开
M98 P100;	加工 4-R50 轮廓
G51 X0 Y0 P0.5	缩放中心为（0，0），缩放因子为 0.5
M98 P100;	加工 4-R25 轮廓
G50;	缩放功能取消
M09;	切削液关
M05;	主轴停
M30;	程序结束
O100;	子程序（4-R50 轮廓加工轨迹）
G90 G01 Z-6 F120;	切削进给
G41 Y0 D01;	建立刀补
X50;	直线插补
G03 X0 Y-50 R50;	圆弧插补
X-50 Y0 R50;	圆弧插补
X0 Y50 R50;	圆弧插补
X50 Y0 R50;	圆弧插补
G01 X60;	直线插补
G40 Y10;	取消刀补
G00 Z5;	快速返回到安全高度
X0 Y0;	返回到程序原点
M99;	子程序结束

相关知识点：

① 在单独程序段指定 G51 指令时，比例缩放后必须用 G50 指令取消。

② 比例缩放功能不能缩放偏置量。例如，刀具半径补偿量、刀具长度补偿量等。如图 3-32 所示，图形缩放后，刀具半径补偿量不变。

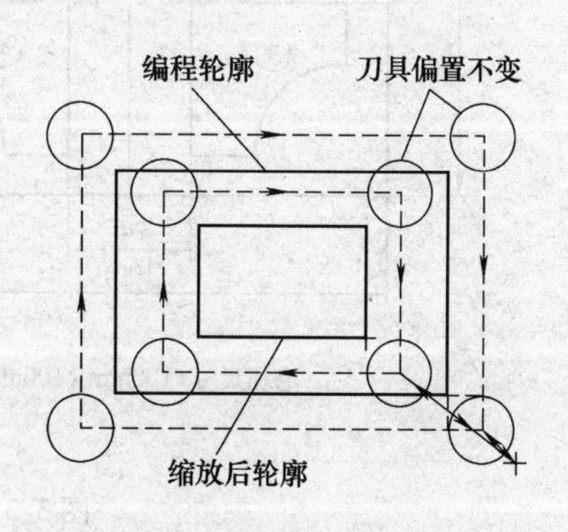

图 3-32　图形缩放与刀具偏置量的关系

4. 坐标系旋转 G68、G69

格式：

$$\begin{Bmatrix} G17 \\ G18 \\ G19 \end{Bmatrix} \quad G68 \quad \begin{Bmatrix} X\_\_ \quad Y\_\_ \\ X\_\_ \quad Z\_\_ \\ Y\_\_ \quad Z\_\_ \end{Bmatrix} \quad P\_\_;$$

G69;

式中

G68：建立旋转；

G69：取消旋转；

X、Y、Z：旋转中心的坐标值；

P：旋转角度，单位为度，取值范围0°≤P≤360°；“+”表示逆时针方向加工，“-”表示顺时针方向加工。可为绝对值，也可为增量值。当为增量值时，旋转角度在前一个角度上增加该值。

对程序指令进行坐标系旋转后，再进行刀具偏置（如刀具半径补偿、长度补偿等）计算；在有缩放功能的情况下，先缩放后旋转。

G68、G69为模态指令，可相互注销，G69为默认值。

［**例3-15**］ 使用旋转功能编制如图3-33所示轮廓的加工程序，设刀具起点为（0，0，100）。

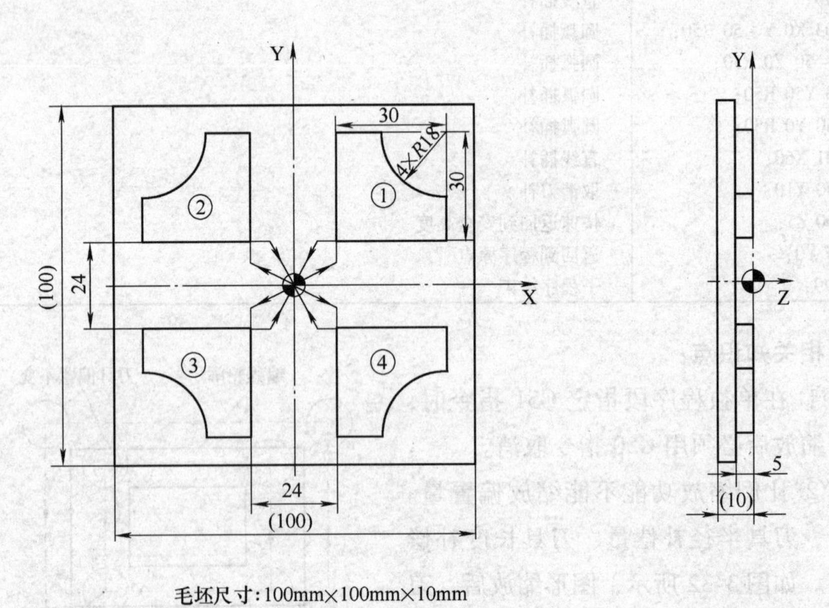

图3-33 旋转实例

参考程序：

程 序	说 明
O24；	主程序
G90 G54 G00 Z100；	加工前准备指令
X0 Y0；	快速定位到工件零点位置
S600 M03	主轴正转
Z5；	快速定位到安全高度
M08；	切削液开
M98 P100；	加工①轮廓
G68 X0 Y0 P90	旋转中心为（0，0），旋转角度为90°
M98 P100；	加工②轮廓
G68 X0 Y0 P180	旋转中心为（0，0），旋转角度为180°
M98 P100；	加工③轮廓
G68 X0 Y0 P270；	旋转中心为（0，0），旋转角度为270°
M98 P100；	加工④轮廓
G69；	旋转功能取消
G00 Z100	快速返回到初始位置
M09；	切削液关
M05；	主轴停
M30；	程序结束
O100；	子程序（①轮廓加工轨迹）
G90 G01 Z-5 F120；	切削进给
G41 X12 Y10 D01 F200；	建立刀补
Y42；	直线插补
X24；	直线插补
G03 X42 Y24 R18；	圆弧插补
G01 Y12；	直线插补
X10；	直线插补
G40 X0 Y0；	取消刀补
G00 Z5；	快速返回到安全高度
X0 Y0；	返回到程序原点
M99；	子程序结束

3.5 固定循环

数控加工中，某些固定的加工动作循环已经典型化。例如，钻孔、镗孔的动作是孔快速定位、快速引进、切削进给、快速退回等动作，把这些典型的加工动作预先编成循环程序，存储在内存中，用一个固定循环G代码调用这些循环程序，从而简化编程。固定循环一览表见表3-4。

表 3-4　固定循环一览表

G 代码	进给动作	孔底动作	退刀动作	用　途
G73	间隙进给	—	快速进给	高速深孔加工循环，断屑
G74	切削进给	暂停→主轴正转	切削进给	左旋螺纹攻螺纹循环
G76	切削进给	主轴定向停止	快速进给	（精）镗循环
G80	—	—	—	取消固定循环
G81	切削进给	—	快速进给	钻、点钻循环
G82	切削进给	暂停	快速进给	锪、镗阶梯孔循环
G83	间隙进给	—	快速进给	深孔加工循环，排屑式
G84	切削进给	暂停→主轴反转	切削进给	右旋螺纹攻螺纹循环
G85	切削进给	—	切削进给	（粗）镗循环
G86	切削进给	主轴停	快速进给	（半精）镗循环
G87	切削进给	主轴正转	快速进给	（背）镗循环
G88	切削进给	暂停→主轴停	手动	（半精或精）镗循环
G89	切削进给	暂停	切削进给	（锪）镗循环

1. 动作分析

一个固定循环，通常由下述 6 个动作组成，如图 3-34 所示。

① 刀具快速定位到孔加工循环起始点 B（X，Y）。

② 定位到 R 点。R 点，即为安全高度上的点。安全高度与工件表面的距离，称为引入距离。R 点是快速进给与切削进给的转换点。

引入距离的选取，应根据刀具不同而不同，保证加工时的安全。一般取 2～5mm。

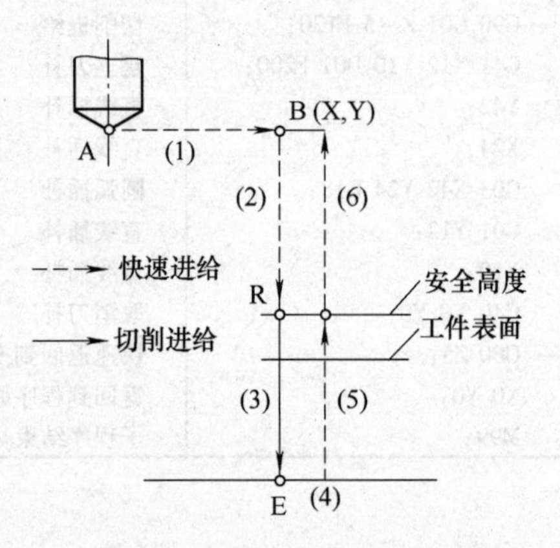

图 3-34　固定循环加工动作

③ 切削进给加工。根据加工孔的深度和大小，切削进给时可以一次加工到孔底或分段加工到孔底，这种切削进给又叫间歇进给。

④ 孔底动作 E 点（如进给暂停、刀具偏移、主轴准停、主轴反转等动作）。

⑤ 返回到 R 点平面（参考点）。从孔中退出，有快速进给，切削进给，

手动等动作。

⑥ 快速返回到初始点 B 点。

2. 编程指令

固定循环的程序格式包括数据形式、返回点平面、孔加工方式、孔位置数据、孔加工数据和循环次数。数据形式（G90 或 G91）在程序开始时就已指定，因此在固定循环程序格式中可不注出。

格式：

$\begin{Bmatrix} G98 \\ G99 \end{Bmatrix}$ G__ X__ Y__ Z__ R__ Q__ P__ I__ J__ K__ F__ L__;

⋮

G80

式中

G99：返回 R 点平面，如图 3-35a 所示；

G98：返回初始平面，如图 3-35b 所示；

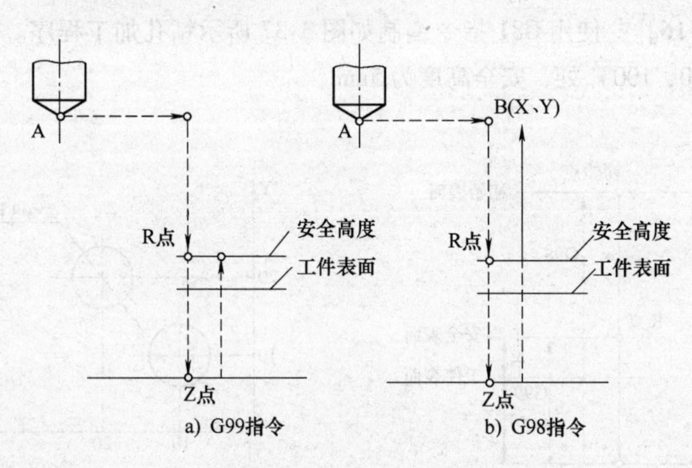

图 3-35　固定循环退刀动作

G__：固定循环代码 G73，G74，G76 和 G81～G89 之一；

X、Y：指令孔在定位平面内的位置坐标，可以用绝对坐标（G90）或增量坐标（G91）指定孔的位置；

R：安全高度。若为增量坐标（G91）指令，则从初始平面到 R 点的距离；

Z：点到孔底的距离（G91）或孔底坐标（G90）；

Q：每次进给深度（G73/G83）；

I 、J：刀具在轴反向位移增量（G76/G87）；

P：刀具在孔底的暂停时间；

F：切削进给速度；

L：固定循环的次数；

G80：固定循环取消。

3．钻孔、点钻指令 G81

格式：

$\begin{Bmatrix} G98 \\ G99 \end{Bmatrix}$ G81__ X__ Y__ Z__ R__ F__ L__；

G81 钻孔动作循环，包括 X，Y 坐标定位、快进、工进和快速返回等动作。

G81 指令动作循环如图 3-36 所示。

注意：如果 Z 的移动量为零，该指令不执行。

［**例 3-16**］ 使用 G81 指令编制如图 3-37 所示钻孔加工程序。设刀具起点为（0，0，100）处，安全高度为 5mm。

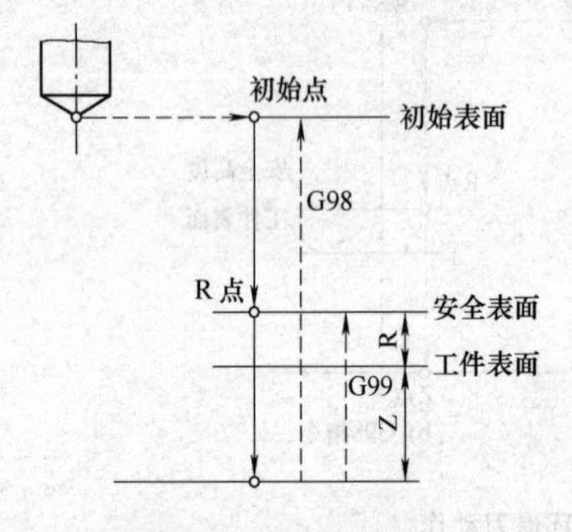

图 3-36 G81 指令动作

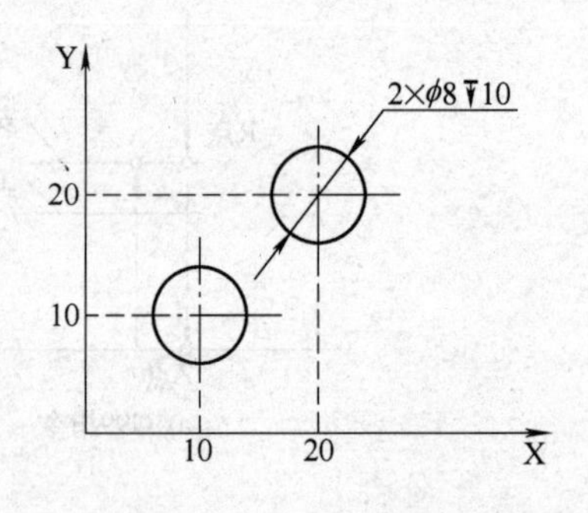

图 3-37 G81 指令编程

```
O0081;
G90 G54 G00 X0 Y0;
Z100;
S600 M03;
G98 G81 X10 Y10 R5 Z-10 F120;
X20 Y20;
```

```
G80;
M05;
M30;
```

3.6　数控铣削加工实例

[**例3-17**]　已知图3-38所示零件，毛坯为100mm×100mm×35mm的光坯，材料为铝合金，采用手工编程方法进行加工。

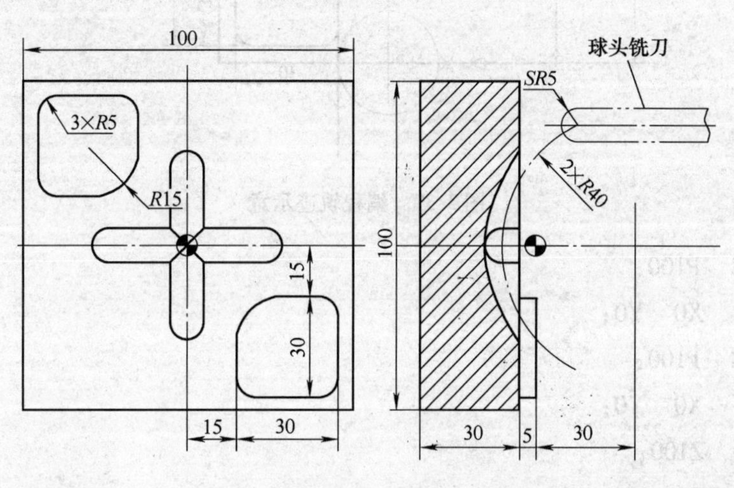

图3-38　零件图

1. 工艺分析

该零件主要加工内容包括两凸台和两圆弧凹槽，加工两凸台轮廓前需去除大面积余量。去大余量及两凸台轮廓加工选用ϕ16立铣刀，两圆弧凹槽选用ϕ10球头刀一次成形。

2. 编制程序

(1) 去大面积余量

按图3-39所示轨迹进行编程，采用镜像功能简化编程。

参考程序：

```
O0711;
%0711;
G90  G54  G00  X0  Y0  Z100;
M03  S800;
```

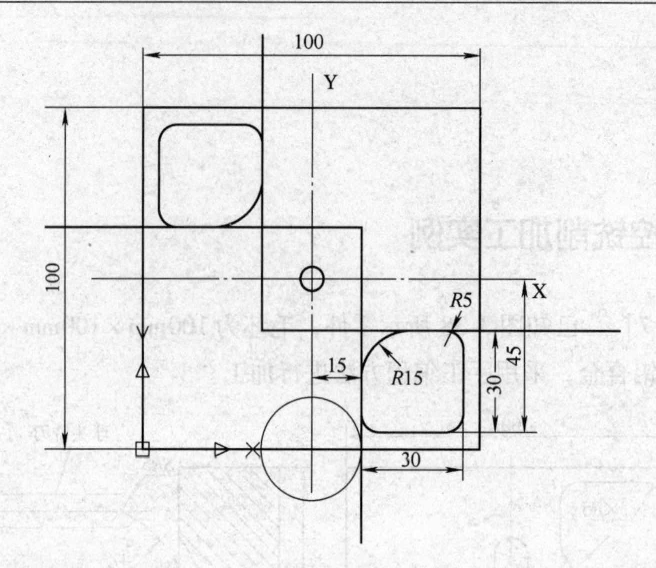

图 3-39 编程轨迹示意

```
M98  P100;
G24  X0  Y0;
M98  P100;
G25  X0  Y0;
G00  Z100;
X0  Y0;
M05;
M30;
O100;
G00  X60  Y0;
G01  Z-5  F100;
G01  G42  X50  Y-15  D01;半径补偿值设为9、19、29、39、49、59
X-15;
Y50;
G40  Y60;
Z5;
X0  Y0;
M99;
```

仿真加工结果如图 3-40 所示。

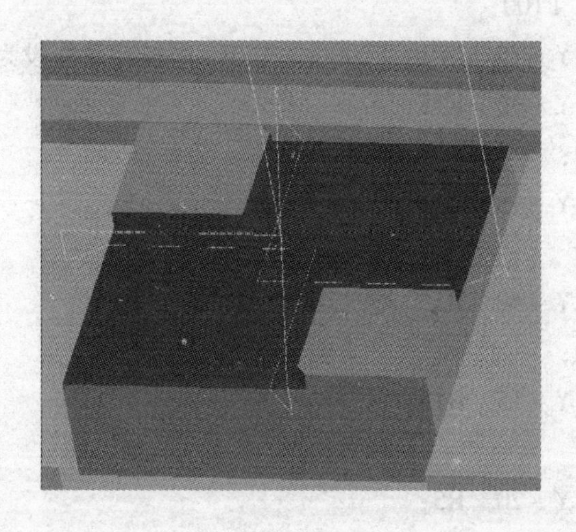

图3-40　去除大面积余量

（2）两凸台精加工程序

第一种方案运用镜像功能

```
%1116;
G90  G54  G00  Z100;
X0  Y0;
M03  S800;
Z5;
M98  P200;
G24  X0  Y0;
M98  P200;
G25  X0  Y0;
G00  Z100;
X0  Y0;
M05;
M30;
```

第二种方案运用旋转功能

```
%1117;
G90  G54  G00  Z100;
X0  Y0;
M03  S800;
Z5;
M98  P200;
G68  X0  Y0  P180;
M98  P200;
G69;
G00  Z100;
X0  Y0;
M05;
M30;
```

子程序；

```
O200;
X60  Y-30;
```

```
G01  Z-5  F100;
G01  G41  Y-15  D01  F100;          半径补偿值设为8
G03  X45  Y-30  R15;
G01  Y-40;
G02  X40  Y-45  R5;
G01  X20;
G02  X15  Y-40  R5
G01  Y-30;
G02  X30  Y-15  R15;
G01  X40
G02  X45  Y-20  R5;
G01  Y-30;
G03  X60  Y-45  R15;
G01  G40  X60  Y-30;
Z5;
X0  Y0;
M99;
```

刀具轨迹示意图如图3-41所示。

仿真加工结果如图3-42所示。

图3-41　两凸台精加工刀具轨迹

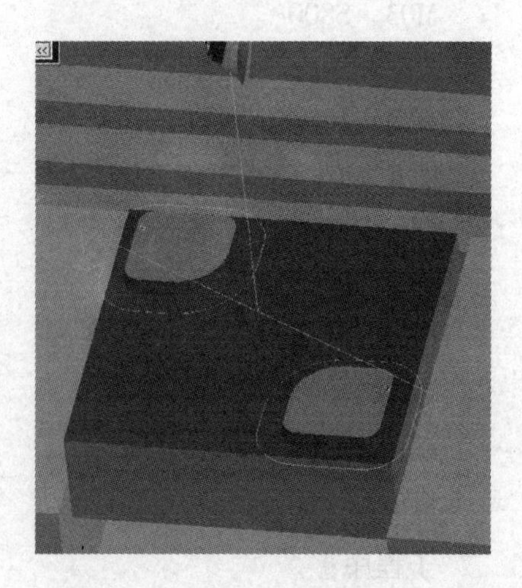

图3-42　加工效果图

（3）两圆弧凹槽精加工程序

参考程序：

O0718；

%0718；

G90　G55　G00　X0　Y0　Z30；

M03　S1000；

X40；

G18　G03　X－40　Z30　R40　F100；

G00　X0　Y0；

Y40；

G19　G02　Y－40　Z30　R40　F100；

G00　X0　Y0；

G00　Z100；

M05；

M30；

刀具轨迹如图3-43所示。

零件仿真加工结果如图3-44所示。

图3-43　圆弧凹槽刀具路径

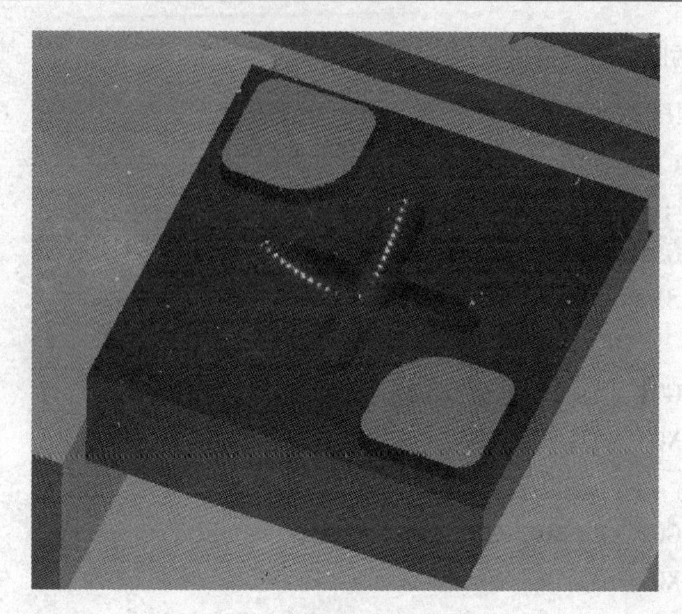

图 3-44　仿真加工实物图

课后习题

1. 如图 3-45 所示零件，毛坯直径为 80mm × 80mm × 30mm 的光坯，材料为铝合金，试编制数控铣加工程序。

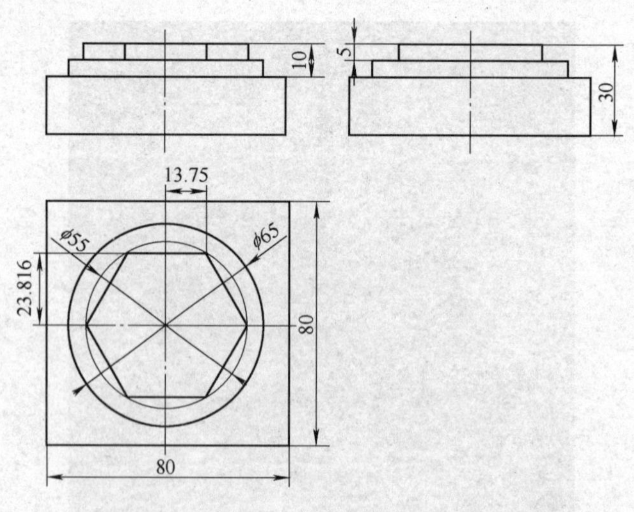

图 3-45　六方圆台加工

2. 如图 3-46 所示零件，毛坯直径为 100mm × 100mm × 18mm 的光坯，材料为铝合金，试编制数控铣加工程序。

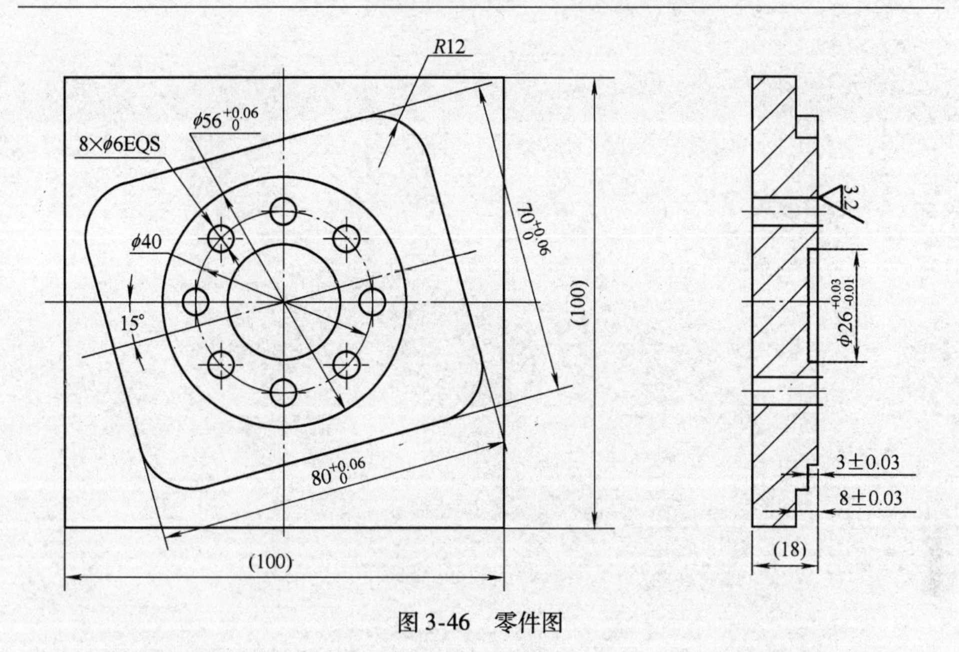

图 3-46　零件图

3. 如图 3-47 所示零件，毛坯为 80mm × 80mm × 20mm 的光坯，材料为铝合金，试编制数控铣加工程序。

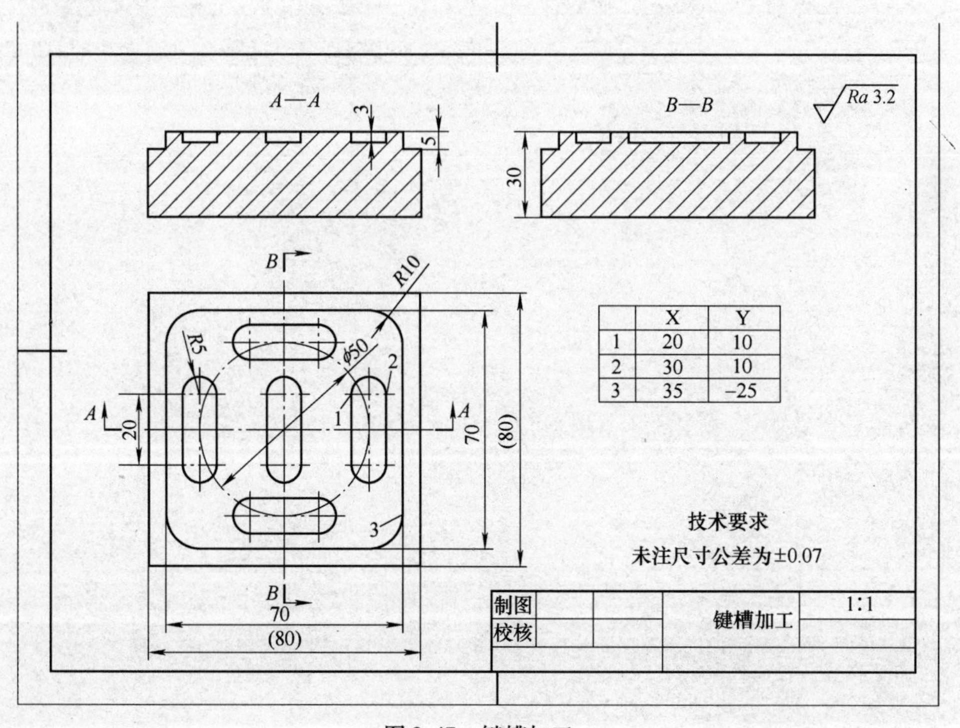

	X	Y
1	20	10
2	30	10
3	35	−25

图 3-47　键槽加工

第2篇

华中数控系统宏程序编程

第 4 章　宏程序编程基础

在零件数控加工中，经常会碰到一些加工轮廓是典型方程曲线如椭圆、抛物线、渐开线、摆线等，这些曲线通称非圆曲线。目前，大多数数控系统不具备非圆曲线的插补功能，普通的手工编程完成这些轮廓的加工几乎不可能，而利用宏程序编程就能很好地解决这个问题。

4.1　非圆曲线数学表达式

非圆曲线有解析曲线与像列表曲线那样的非解析曲线，解析曲线大家比较熟悉。以列表坐标点来确定轮廓形状的零件称为列表曲线（或曲面）零件，所确定的曲线（或曲面）称为列表曲线（或曲面）。列表曲线的特点是曲线上各坐标点之间没有严格的联结规律。对于手工编程来说，一般解决的是解析曲线的加工。解析曲线的数学表达式可以是以 $Y=f(X)$ 直角坐标的形式给出，也可以是以参数方程的形式给出，还可以 $\rho=\rho(\theta)$ 的极坐标形式给出。下面以椭圆曲线为例进行说明，如图 4-1 所示。

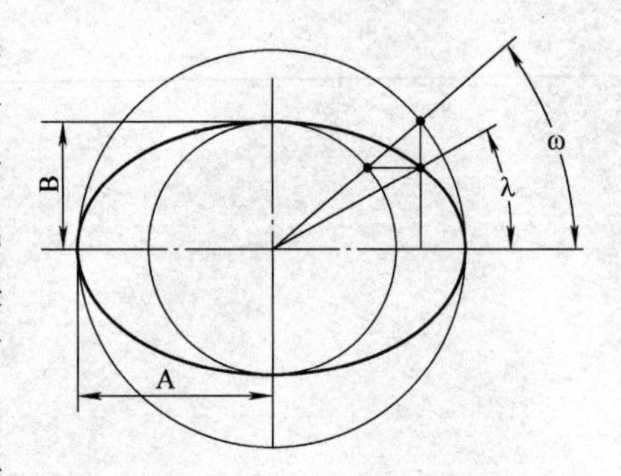

图 4-1　椭圆几何作图法

1. 直角坐标

如图 4-1 所示，椭圆长半轴为 A、短半轴为 B，椭圆曲线可用下式表示：

$$\frac{X^2}{A^2}+\frac{Y^2}{B^2}=1 \tag{4-1}$$

2. 参数方程

如图 4-1 所示，若已知 A、B 数值，转角变量 ω 从 0°到 360°变化，可以用几何作图法绘制出椭圆，其中大圆半径为 A，小圆半径为 B，椭圆上任意一点与圆心连线与水平向右轴线夹角称为圆心角 λ。椭圆曲线可用下式表示：

$$\begin{cases} X = A\cos\omega \\ Y = B\sin\omega \end{cases} \tag{4-2}$$

3. 极坐标

椭圆曲线相对于中心的极坐标形式为：

$$r = \frac{AB}{\sqrt{A^2\sin^2\omega + B^2\cos^2\omega}} = \frac{B}{\sqrt{1-\varepsilon^2\cos^2\omega}} \tag{4-3}$$

这里 r 是极坐标长度，ω 是转角（即图 4-1 所示 ω），ε是椭圆的离心率。椭圆的形状可以用离心率的值来表达，习惯上称为ε。离心率是小于 1 、大于等于 0 的正数。离心率为 0 表示两个焦点重合，图形是圆。对于长半轴为 A 和短半轴为 B 的椭圆，离心率是：

$$\varepsilon = \sqrt{1-\frac{B^2}{A^2}} \tag{4-4}$$

离心率越大，A 与 B 的比率就越大，椭圆形状更加拉长。

4.2　加工原理

对非圆曲线轮廓进行编程时，通常用直线段或圆弧段逼近非圆曲线。由于直线段替代法简单、直观，因此使用较多。用直线段逼近非圆曲线在此介绍两种方法：等间距法适用于直角坐标方程表达的曲线；等转角法适用于参数方程表达的曲线。

1. 等间距法

等间距法就是将某一坐标轴划分成相等的间距，如图 4-2 所示，沿 X 轴方向取 Δx 为等间距长，根据已知曲线的方程 Y = f(X)，可由 x_i 求得 y_i，$y_{i+1} = f(x_i + \Delta x)$，如此求得一系列点就是曲线上节点。将获得的相邻节点用线段连接。用这些线段组成的折线代替原来的轮廓曲线，采用直线插补方式（G01 编程）即可。

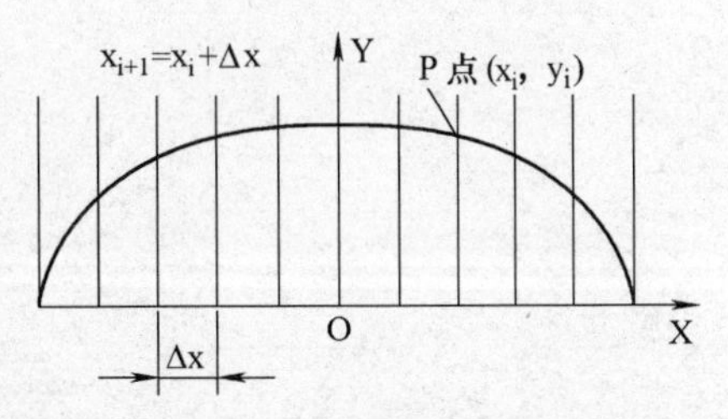

图 4-2　等间距法示意图

显然，间距 Δx 越大，节点越少，产生的逼近误差也越大。假设间距 Δx 很小，则节点就足够多，使得逼近误差小于等于零件公差的 1/5，则逼近误差就不会影响到零件的加工精度。

2. 等转角法

等转角法就是将某一旋转轴的转角分成若干等份，应用于一些可用参数方程表达的非圆曲线，如椭圆、双曲线。如图 4-3 所示，取 $\Delta\omega$ 为等转角，根据式（4-2），可由 ω_i 求得 P 点（x_i，y_i）坐标，令 $\omega_{i+1}=\omega_i+\Delta\omega$，可求得相邻点（$x_{i+1}$，$y_{i+1}$）坐标，这样求得一系列曲线上的节点。将获得的相邻节点用线段连接，用这些线段组成的折线代替原来的轮廓曲线，采用直线插补方式（G01 编程）即可。为了研究问题方便，在此处把图 4-1 所示的椭圆转角和圆心角合二为一，敬请读者注意。

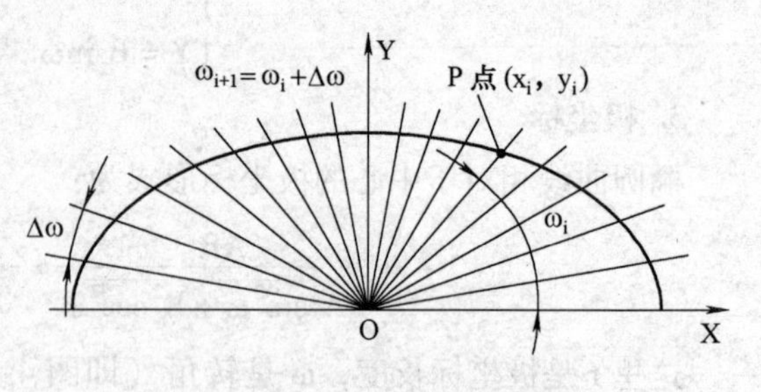

图 4-3 等转角法示意图

对非圆曲线进行宏程序编程，有时采用参数方程表达式，数学计算更为简便，此时就要用到等转角法。

课后习题

1. 何谓极坐标？绘简图说明。
2. 已知某圆的极坐标方程是 $\rho=2\cos\theta$，则在相应的直角坐标系中其圆心位置在哪里？
3. 某一双曲线其参数方程为 $x=3/\cos\theta$、$y=\tan\theta$，求其直角坐标方程。
4. 借助几何绘图工具，手工绘制出长半轴为 30、短半轴为 20 的椭圆。
5. 仔细观察图 4-1，找出圆心角 λ 与转角变量 ω 的关系。

第 5 章　华中世纪星数控系统宏指令编程

华中世纪星数控系统为用户配备了强有力的类似于高级语言的宏程序功能，用户可以使用变量进行算术运算、逻辑运算和函数的混合运算，此外宏程序还提供了循环语句、分支语句和子程序调用语句，利于编制各种复杂的零件加工程序，减少乃至免除手工编程时繁琐的数值计算，以及精简程序量。

5.1　宏变量及常量

1. 宏变量

在常规的主程序和子程序内，总是将一个具体的数值赋给一个地址，比如 G01 X60 Z-30。为了使程序更具通用性、更加灵活，在宏程序中设置了变量。

1）变量的表示　变量可以用“#”号和紧跟其后的变量序号来表示，如# i(i=1，2，3…)。

[例 5-1]　#5，#109，#501 表示不同的变量。

[例 5-2]　直线方程 Y=3X

如果#2 代表 Y，#1 代表 X，那么式子也可变为

#2=3×#1

其实“#+数字”只是代表一个变量。

[例 5-3]　方程 $Y=3X^2$

如果#2 代表 Y，#1 代表 X，那么式子也可变为

#2=3×#1×#1

2）变量的引用　将跟随在一个地址后的数值用一个变量来代替，即引入了变量，但要注意加“[]”（只是系统格式规定，机床操作面板上有这个按钮）。

[例 5-4]

对于 G[#130]，若#130=01 时，则为 G01；

对于 Z[-#110]，若#110=100 时，则为 Z-100；

对于 F[#103]，若#103=50 时，则为 F50。

由上推知，编程语句 G01Z－100F50 即等同于 G[#130]Z[－#110]F[#103]。

3）变量的类型　华中数控系统的变量分为公共变量和系统变量两类。

① 公共变量又分为全局变量和局部变量。全局变量是在主程序和主程序调用的各用户宏程序内都有效的变量。也就是说，在一个宏指令中的#i 与在另一个宏指令中的#i 是相同的。局部变量仅在主程序和当前用户宏程序内有效。也就是说，在若干个宏指令中的#i 是不一定相同的。

全局变量的序号为：#50—#199；

当前局部变量的序号为：#0—#49；

0 层局部变量的序号为：#200—#249；

1 层局部变量的序号为：#250—#299；

2 层局部变量的序号为：#300—#349；

3 层局部变量的序号为：#350—#399；

4 层局部变量的序号为：#400—#449；

5 层局部变量的序号为：#450—#499；

6 层局部变量的序号为：#500—#549；

7 层局部变量的序号为：#550—#599。

此处注意，对编程人员来说，只用到全局变量序号为#50—#199 和当前局部变量序号为#0—#49。

② 系统变量定义为有固定用途的变量，它的值决定系统的状态。系统变量包括刀具偏置变量、接口的输入/输出信号变量、位置信号变量等。

例如：#600—#699；　　刀具长度寄存器 H0—H99

#700—#799；　　刀具半径寄存器 D0—D99

#800—#899；　　刀具寿命寄存器

#1000 机床当前位置 X；　　#1003 机床当前位置 A

#1009 保留；　　#1010 编程机床位置 X

#1021 编程工件位置 Y；　　#1030 当前工件零点 X

#1190 用户自定义输入；　　#1191 用户自定义输出

#1192 自定义输出屏蔽。　　#1194 保留

在此不进行详细叙述，详情可查世纪星数控系统编程说明书。

2. 常量

类似于高级编程语言中的常量，在用户宏程序中也具有常量。在华中数控

系统中的常量主要有以下三个。

PI：圆周率（华中数控系统角度只能用弧度表示，1°应当用 PI/180 来表示。如 sin(30°)应表示为 sin(PI/6)；

TRUE：条件成立（真）；

FALSE：条件不成立（假）。

5.2　运算符与表达式

1. 运算符

在宏程序中的各运算符、函数将实现丰富的宏程序功能。在华中数控系统中的运算符有：

1）算术运算符。+、-、*、/。

2）条件运算符。只用在条件判别表达中

EQ(=)、NE(≠)、GT(>)、GE(≥)、LT(<)、LE(≤)。

3）逻辑运算符。AND(与)、OR(或)、NOT(非)。

4）函数。SIN(正弦)、COS(余弦)、TAN(正切)、ABS(绝对值)、ATAN(反正切 -90°~90°)、INT(取整)、ATAN2(反正切 -180°~180°)、SIGN(取符号)、SQRT(平方根)、EXP(指数)。

2. 表达式

把常数、宏变量、函数用运算符连接起来构成一个语句即是表达式。

[例5-5]　175/SQRT[2 * COS [55 * PI/180]]；

数学语句即为 $175/\sqrt{2\cos 55°}$

[例5-6]　若#3 =3，则#3 * 6 GT 14 成立。

5.3　语句表达式

在华中数控系统中的语句表达式有三种：

1. 赋值语句

格式：宏变量 = 常数或表达式

把常数或表达式的值送给一个宏变量称为赋值，若不赋值就认为该宏变量值为 0。

[例5-7]　#2 =175/SQRT[2 * COS[55 * PI/180]]；

#5 =124.0

#11 =40SIN [#1]　　　(设#1 = PI/3)

2. 条件判别语句 IF，ELSE，ENDIF

一般用在固定循环指令宏程序，实现源代码编写，由厂方设计，对编程人员来说，只需了解。

格式 (i)：IF 条件表达式　　条件成立 (真)

…

ELSE　　　　　条件不成立 (假)

…

ENDIF

格式 (ii)：IF 条件表达式　　条件成立 (真)

…

ENDIF

3. 循环语句 WHILE，ENDW

格式：WHILE　<条件表达式>

…

ENDW

说明：

① 条件成立 (真) 时，执行 WHILE 到 ENDW 之间的程序段，然后返回到 WHILE 再次判断条件。条件成立，继续循环；条件不成立 (假) 时，执行 ENDW 后的程序段。

② WHILE 到 ENDW 之间的程序段中必须有"修改条件变量"的语句，使得其循环若干次后，条件变为不成立而退出循环，不然就成为死循环。

[**例 5-8**]　已知圆方程 $X^2 + Y^2 = 40^2$，编制走刀轨迹为第一象限逆时针圆的程序。

圆也可用参数方程表示为：

X =40COS (ω)

Y =40SIN (ω)

若为第一象限半圆，则 ω 从 0°~90°变化，如图 5-1 所示。

接下来编写轨迹是 1/4 半圆的程序。

程序：

G00　X40　Y0　Z0;　　　　　　快速定位在 A 点

```
#1 =0;                          转角变量初值为0°
WHILE #1 LE PI/2;               当转角小于等于90°时，条件成立，往
                                下执行；大于90°时，条件不成立，转
                                到ENDW语句，结束循环
#11 =40COS [#1];                求取某点的X坐标
#12 =40SIN [#1];                求取某点的Y坐标
G01  X [#11] Y [#12] F50;       以直线插补方式从前一点走到该点
#1 =#1 +PI/180;                 转角加上1°，再到WHILE所在语句，
                                进行判别
ENDW;                           结束循环、往下执行
G00Y0;                          快速定位到O点
```

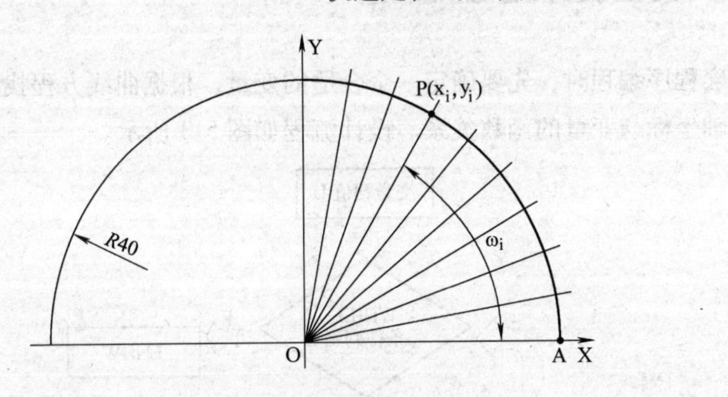

图5-1　等转角法编程示例

［例5-9］　编制程序，走刀轨迹为图5-2所示抛物线 $Z = X^2/8$ 在区间［0，16］内的一段曲线。

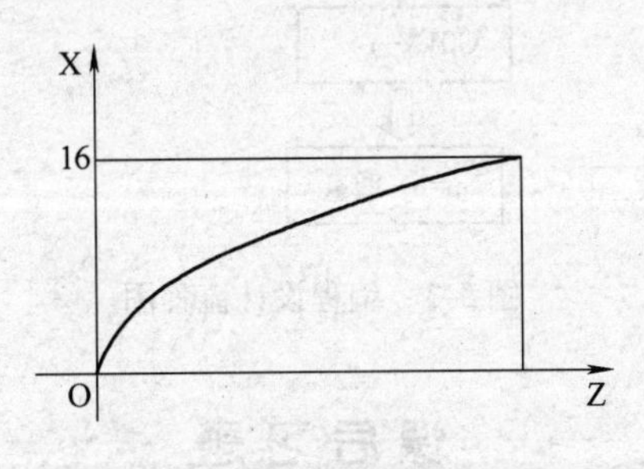

图5-2　等间距法编程示例

程序：

```
G00  X0  Z0;                    快速定位到坐标原点
```

#1 =0;	X 方向变量初值为 0
WHILE #1 LE 16;	当变量小于等于 16 时，条件成立，往下执行；大于 16 时，条件不成立，转到 ENDW 语句，结束循环
#2 = #1 * #1/8;	对应点的 X 坐标，计算出该点的 Z 坐标
G01 X[#1] Z[#2] F60;	以直线插补方式从前一点走到该点
#1 =#1 +0.1;	每次增量为 0.1
ENDW;	结束循环、往下执行
G00 X0 Z0;	快速回到坐标原点

5.4 编程设计流程

宏程序编程时，先要确定一个合适的变量，根据曲线方程找到曲线上某点的各轴坐标与变量的函数关系。设计流程如图 5-3 所示。

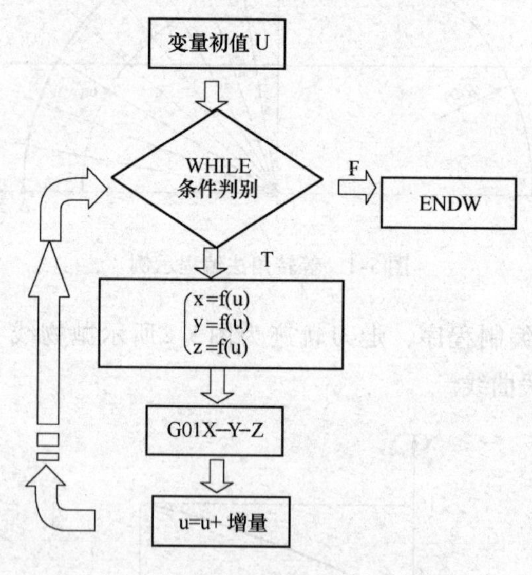

图 5-3 编程设计流程图

课后习题

1. 在运算指令中，形式为#i = SIGN [#j] 的函数表示的意义是（　　）。

A. 自然对数　　B. 取符号　　C. 指数　　D. 取整

2. 下列运算符中含义是小于、小于或等于的是（　　）。

A. LT、LE　　B. GT、LT　　C. GE、LE　　D. NE、LE

3. 运算符 GT、GE 分别表示（　　）。

A. =　　B. ≠　　C. ≤　　D. >　　E. ≥

4. 在变量使用中，下面选项（　　）的格式是对的。

A. O#1　　B. /#2G00X100.0　C. N#3X200.0　D. #5 = #1 - #3

5. 若#24、#26 表示的是加工点的 X、Z 坐标，则描述其 X 和 Z 向运动关系的宏程序段 #26 = SQRT {2 * #24}，所描述的加工路线是（　　）。

A. 圆弧　　B. 椭圆　　C. 抛物线　　D. 双曲线

6. 在 WHILE 后指定一个条件表达式，当指定条件满足时，则执行（　　）（华中系统）。

A. WHILE 之前的程序　　B. EWHILE 到 ENDW 之间的程序

C. ENDW 之后的程序　　D. 程序直接结束

7. 以下程序运行结束后，#1、#2 值是多少？

```
O0001;
%0001;
#1 =0;
#2 =1;
WHILE #2 LE 10;
#1 =#1 +#2;
#2 =#2 +1;
ENDW;
M30;
```

第 6 章　UG NX 环境下曲线方程式的应用

宏程序编制主要针对的是非圆曲线，理解运用非圆曲线的数学方程是关键点。UG 软件提供了表达式功能，可以绘制以方程式表达的曲线，该曲线还具有相关性，即如果方程式变化时，曲线也会跟着变化，另外利用 UG 软件操作也比较简便。现以数学上的四叶玫瑰线为例，详细介绍在 UG 环境下绘制曲线的方法，各版本的 UG 软件其表达式功能用法差别不大。

6.1　公式转换

这是较重要且比较难的一步。若没有这一步，以下的操作便无从谈起。

1. 圆方程转换

大家都知道圆的参数方程是 $x = r\sin(\alpha)$，$y = r\cos(\alpha)$，其中 r 为一个常值；α 为角度变量，要从 0°递增到 360°。在 UG 软件表达式功能里，必须用到一个参数符号 t，t 为系统内部变量，它永远仅从 0 递增到 1。所以改变方程表达式，即得曲线方程 $xt = r\sin(360t)$，$yt = r\cos(360t)$。在 UG 软件中默认变量 xt、yt 各自对应 x、y 变量。最后圆方程转换为符合 UG 格式的表达式结果如下：

t = 1　　　（格式如此，表示从 0 递增到 1）

r = 100　（假设）

xt = rsin（360t）

yt = rcos（360t）

2. 四叶玫瑰线方程转换

四叶玫瑰线的极坐标方程是 $r = A\cos(2\alpha)$；转换成直角坐标方程：$X = A\cos(2\alpha)\cos(\alpha)$；$Y = A\cos(2\alpha)\sin(\alpha)$。其中 A 是四叶玫瑰线的基圆半径，α 是角度（或称极角）；A 是四叶玫瑰线的极长，X 和 Y 是坐标轴。转换为符合 UG 格式的表达式结果如下：

t = 1

A = 100

xt = Acos(720t)cos(360t)

yt = Acos(720t)sin(360t)

6.2 输-入公式

启动UG程序后，新建一个名称为siye.prt的模型文件，其单位为mm，如图6-1所示。

图6-1 ［文件创建］对话框

选择主菜单[工具]/[表达式]命令，如图6-2所示，弹出［表达式］对话框如图6-3所示。

图6-2 表达式菜单

① 如图6-3所示，默认“类型”为数字，在名称一栏输入t，在“长度”下拉列表框中选恒定。在公式一栏输入1，按“√”按钮，如图6-4所示。

② 如图6-4所示默认“类型”为数字，在名称一栏输入A，在“长度”下拉列表框中选恒定。在公式一栏输入100，按“√”按钮。

③ 继续默认“类型”为数字，在名称一栏输入xt，在“长度”下拉列表框中选恒定。在公式一栏输入xt = acos（720t）cos（360t），按“√”按钮。注意输入时不要遗漏乘号“×”。

④ 继续默认“类型”为数字，在名称一栏输入yt，在“长度”下拉列表框中选恒定。在公式一栏输入yt = acos（720t）sin（360t），按“√”按钮，如图6-5所示。

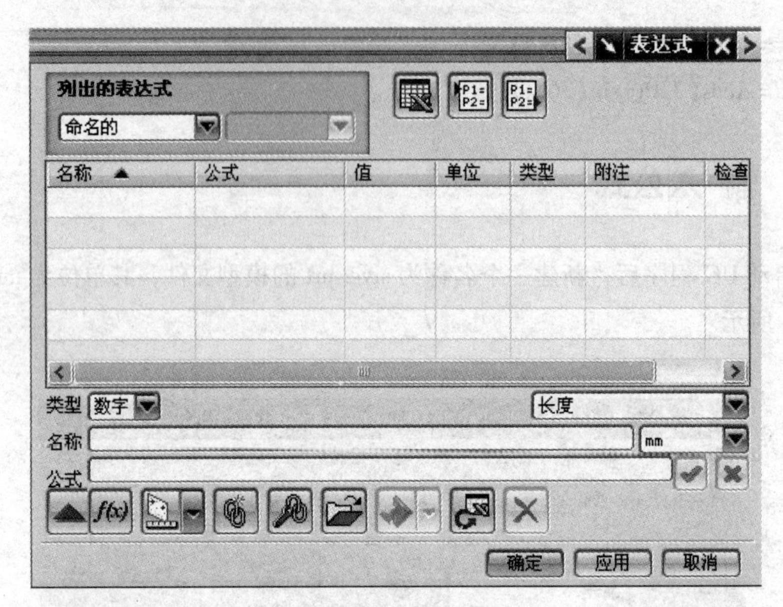

图 6-3 ［表达式］对话框

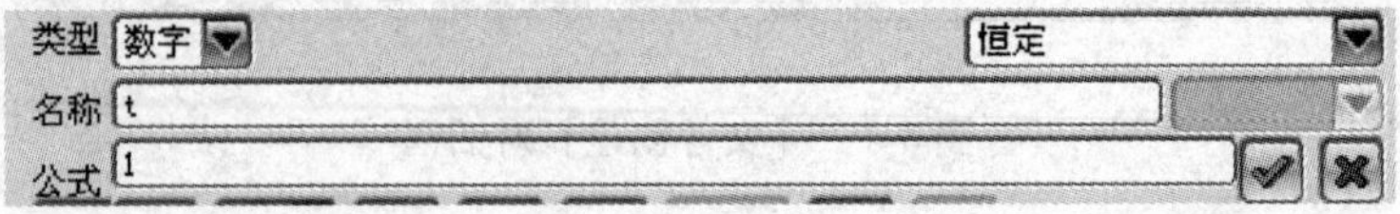

图 6-4 t 输入

图 6-5 完整表达式

最后按确定按钮，表达式即输入完毕。若想清楚地看到表达式里的公式，可按图 6-5 所示图标，出现工作表见表 6-1。

表 6-1　四叶玫瑰线表达式

工作表 在 Expression - model4.prt

	A	B	C	D
1	*Name*	*Formula*	*Value*	
2	a	100	100	
3	t	1	1	
4	xt	=a*cos(720*t)*cos(360*t)	100	
5	yt	=a*cos(720*t)*sin(360*t)	-4.7E-13	
6				

在后续章节中，其他曲线的表达式输入，有时就是参考给定的 Excel 表格。输入表达式时，注意先确定数据类型是恒定、长度还是角度，选好相应单位。示例中除了“t”数据类型是恒定外，“A、xt、yt”三者数据类型也可以是长度。名称栏输入等式左边符号，公式栏输入等式右边值。输入有关字母时不必区分大小写。

6.3　绘制曲线图形

选择［曲线］工具条中的 XYZ= 命令，如图 6-6 所示。系统弹出如图 6-7 所示［规律函数］对话框。

图 6-6　曲线工具条

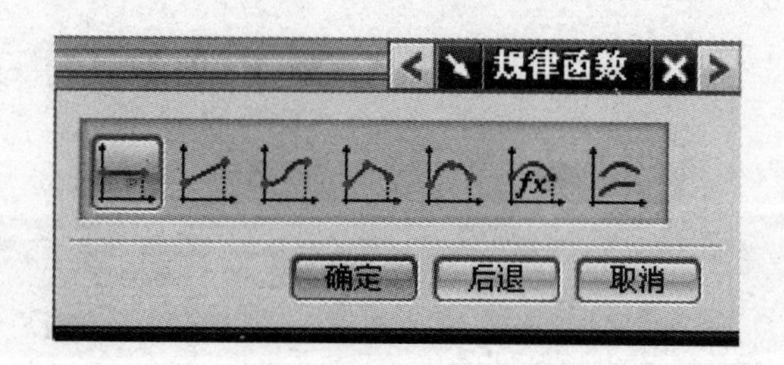

图 6-7　规律函数对话框

提示栏提示“选择规律选项单”，选择图 6-7 所示按钮，系统弹出对话框如图 6-8 所示，提示栏提示“输入定义 X 的参数表达式”，要求指定基础变量，默认为 t，直接单击“确定”按钮。

图 6-8　［基础变量］对话框

系统再次弹出对话框要求定义 X，提示栏提示“输入函数表达式”，默认为 xt，如图 6-9 所示，单击确定按钮。

图 6-9　定义 X

系统又弹出如图 6-10 所示［规律函数］对话框。提示栏提示“选择规律选项单”，选择按钮，系统弹出对话框如图 6-11 所示，提示栏提示“输入定义 y 的参数表达式”，要求指定基础变量，默认为 t，直接单击“确定”按钮。

图 6-10　［规律函数］对话框

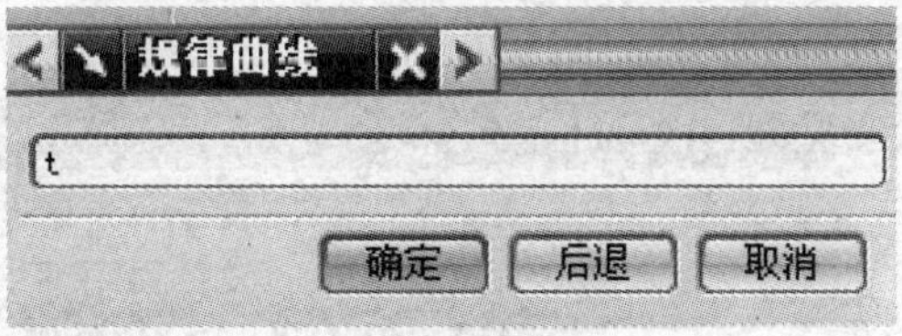

图 6-11　［基础变量］对话框

系统再次弹出对话框要求定义 Y，提示栏提示“输入函数表达式”，默认为 yt，如图 6-12 所示，单击确定按钮。系统又弹出如图 6-13 所示［规律函数］对话框。

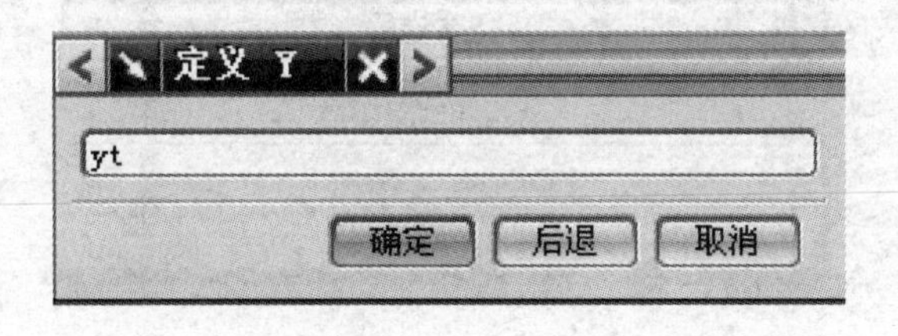

图 6-12　定义 Y 对话框

图 6-13　［规律函数］对话框

提示栏提示“选择规律选项单”，选择图 6-13 所示按钮，系统弹出对话框如图 6-14 所示，提示栏提示“定义 Z－指定函数值”。把规律值“1”改为“0”，单击“确定”按钮。

又弹出对话框，如图 6-15 所示，单击“确定”按钮。再把视图调整到俯视图，操作如图 6-16 所示，即有最佳效果曲线生成如图 6-17 所示。

图 6-14　[定义 Z] 对话框

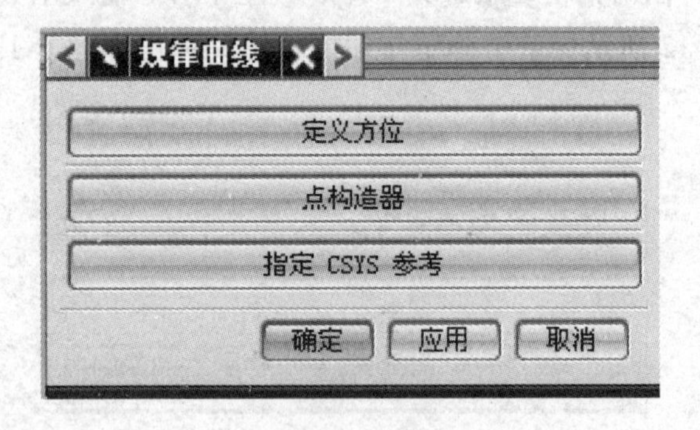

图 6-15　曲线特征设定

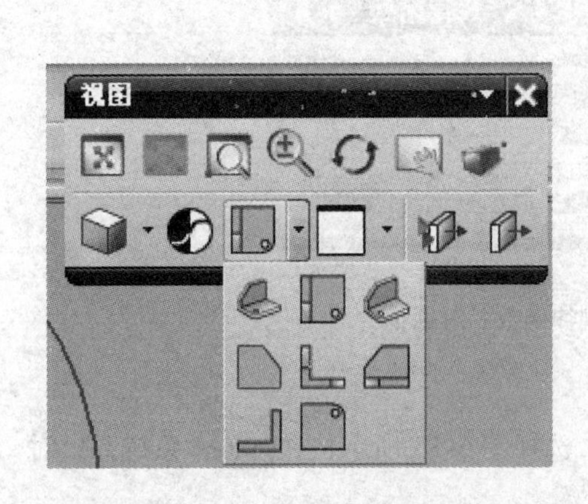

图 6-16　[视图] 对话框

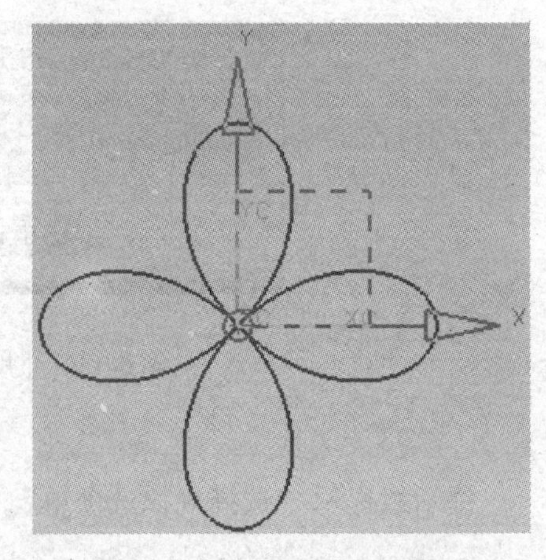

图 6-17　四叶玫瑰线效果图

课后习题

1. 已知某“8”字曲线方程为 a = 1、b = 1、x = 3bcos(360t) + acos(3 × 360t)、y = bsin

(360t) + asin(3 × 360t)，用 UG 软件绘出该曲线图形。另修改表达式取 a = 2、b = 3，绘得另一图形。

2. 已知某热带鱼曲线方程为

a = 5

x = {a * [cos(t * 360 * 3)]^4} * t

y = {a * [sin(t * 360 * 3)]^4} * t

用 UG 软件绘出该曲线图形。

3. 已知蛇形曲线方程为 x = 2cos[(t + 1) * 2 * 180]、y = 2sin (t * 5 * 360)、z = t(t + 1)，用 UG 软件绘出该曲线图形。

第 7 章　常用工程曲线

宏程序的应用离不开相关的数学知识，其中三角函数、解析几何是最主要、最直接的数学基础，首先介绍函数的基本知识。

设 A、B 是非空数集，按某个确定的对应关系 f，使对于集合 A 中的每一个数 x，在集合 B 中都有唯一确定的数 f(x) 和它对应，那么就称 f：A→B 为集合 A 和集合 B 的一个函数，记作 $y=f(x)$，$x\in A$。

函数的表示方法常用的有解析法、图像法、列表法三种。

① 解析法：就是把两个变量的函数关系用一个等式来表示，这个等式叫做函数的解析表达式，简称解析式。

② 图像法：就是用图像表示两个变量之间的函数关系。例如：用于气象的温度自动记录器，描绘出温度随时间变化的曲线就是用图像法表示函数关系的。

③ 列表法：就是列出表格来表示两个变量的函数关系。例如：数学用表中的平方表、平方根表、三角函数表以及银行里常用的“利息表”等都是用列表法来表示函数关系的。

本章主要将以公式、图像等形式介绍相关的解析几何的基础知识。

7.1　三角函数曲线

三角函数（Trigonometric）是数学中属于初等函数中的超越函数的一类函数。它们的本质是任意角的集合与一个比值的集合的变量之间的映射。通常的三角函数是在平面直角坐标系中定义的，其定义域为整个实数域。它包含六种基本函数：正弦、余弦、正切、余切、正割、余割。

1. 定义

在平面直角坐标系 xOy 中，从点 O 引出一条射线 OP，设旋转角为 θ，设 OP = r，P 点的坐标为（x，y）则有

正弦函数 $\sin\theta=y/r$；

余弦函数 $\cos\theta=x/r$；

正切函数 $\tan\theta = y/x$；

余切函数 $\cot\theta = x/y$；

正割函数 $\sec\theta = r/x$；

余割函数 $\csc\theta = r/y$。

注：斜边为 r，对边为 y，邻边为 x。

2. 正弦型曲线

函数 $Y = A\sin(\omega X + \varphi)$ $(A>0, \omega>0)$ 的图像叫正弦型曲线。

[**例7-1**]　绘出函数 Y = sin（X）在一个周期内的图像。（$0 \leqslant X \leqslant 6.28$）

在 UG 表达式模块中，输入如表 7-1 所示的表达式。其中符号“pi（）”是“π”，在 UG 软件里三角函数定义域用的是度数，即要把弧度化为度。

表7-1　正弦曲线1表达式

	A	B	C
1	***Name***	***Formula***	***Value***
2	t	1	1
3	xt	=pi()*2*t	6.283185
4	yt	=sin(xt*180/pi())	-4.7E-15
5			

输入表达式后，用绘制规律曲线命令即可得图 7-1 所示图形。

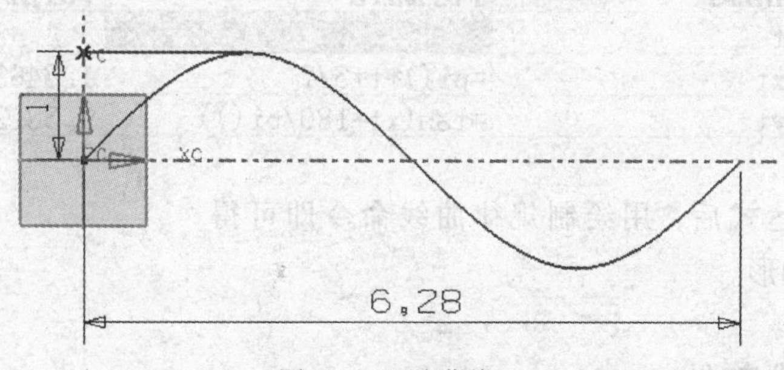

图7-1　正弦曲线1

[**例7-2**]　绘出 Y = 3sin(2X + pi/4) 的图像。（$0 \leqslant X \leqslant 6.28$）

在 UG 表达式模块中，输入如表 7-2 所示的表达式。

表7-2　正弦曲线2表达式

工作表 在 Expression - model2.prt

	A	B	C
1	***Name***	***Formula***	***Value***
2	t	1	1
3	xt	=2*pi()*t	6.283185
4	yt	=3*sin(2*xt*180/pi()+45)	2.12132

输入表达式后，用绘制规律曲线命令即可得图 7-2 所示图形。

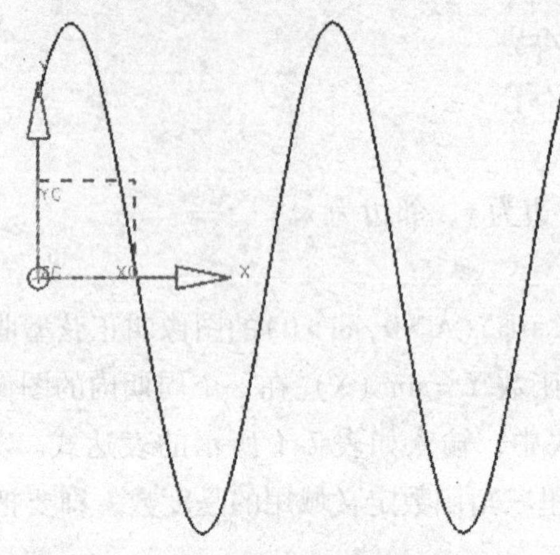

图 7-2 正弦曲线 2

3. 正切函数 tanθ

[**例 7-3**] 绘出 Y = tan(X)、X ∈ (0 - 3 * pi/7) 的图像。

在 UG 表达式模块中，输入如表 7-3 所示的表达式。

表 7-3 正切函数表达式

	A	B	C
1	*Name*	*Formula*	*Value*
2	t	1	1
3	xt	=pi()*t*3/7	1.346397
4	yt	=tan(xt*180/pi())	4.381286

输入表达式后，用绘制规律曲线命令即可得图 7-3所示图形。

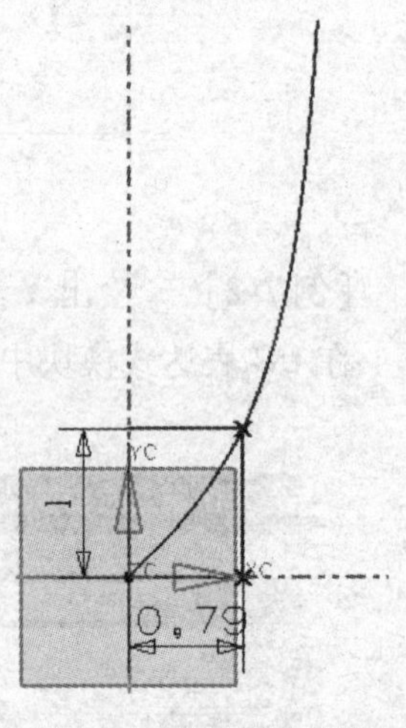

图 7-3 正切函数曲线

7.2 圆锥曲线

用一个平面去截一个圆锥面，得到的交线就称为圆锥曲线，通常提到的圆锥曲线包括椭圆、双曲线和抛物线。

1. 椭圆

1）基本知识 平面内到两个定点 F1 和 F2 的距离之和等于常数（大于 F1F2 之间的距离）的点的轨迹叫做椭圆。这两个定点叫做椭圆的焦点，两焦点的距离叫做焦距。常见的椭圆方程式有两种，如式（4-1）、式（4-2）。

2）椭圆转角变量 ω 与圆心角 λ 对应关系　如图 4-1 所示，若已知 A、B 数值，转角变量 ω 从 0°到 360°变化，可以用几何作图法绘制出椭圆。其中大圆半径为 A，小圆半径为 B，椭圆上任意一点与圆心连线与水平向右轴线夹角称为圆心角 λ。

可推出转角变量 ω 与圆心角 λ 对应关系。

$$\tan(\lambda) = \frac{B\sin(\omega)}{A\cos(\omega)} = \frac{B}{A} \times \tan(\omega) \tag{7-1}$$

在零件加工图样上，比较容易得到圆心角，可根据式（7-1）求得相对应的转角变量。

2. 双曲线

1）基本知识　平面内到两个定点 F1 和 F2 的距离的差的绝对值是常数（小于 F1F2 之间的距离）的点的轨迹叫做双曲线。这两个定点叫做双曲线的焦点，两焦点的距离叫做焦距。双曲线根据焦点位置不同，分两种情况。

2）双曲线的焦点在 X 轴上

① 双曲线的标准方程式一

$$\frac{x^2}{a^2} - \frac{y^2}{b^2} = 1\ (c > a > 0,\ b^2 = c^2 - a^2) \tag{7-2}$$

双曲线的标准方程式二

参数方程

$$\begin{aligned} x &= a/\cos(\omega) = a\sec(\omega) \\ y &= b\tan(\omega) \end{aligned} \tag{7-3}$$

② 双曲线几何作图法如图 7-4 所示，绘制圆心落在坐标原点上的两个同心圆，大圆半径为 a、小圆半径为 b。首先过坐标原点绘制射线 OA，角度取任意值 ω（以 X 轴为对称轴，从下向上角度由负变正，λ 变化同此），过 A 点作与 OA 射线相垂直的射线 AM 与水平轴线交于点 M。过 B 点作竖直射线 BN 与 OA 射线交于点 N。最后过点 M 作竖直线，过点 N 作水平线，两者相交于点 P（即为双曲线上

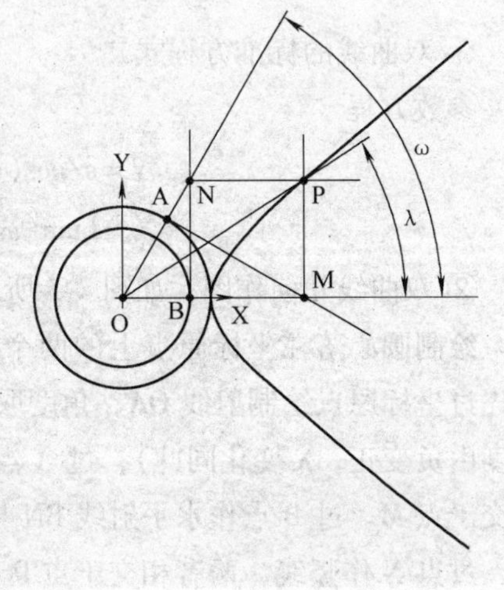

图 7-4　X 方向双曲线几何作图法

的一点）。同理只要取不同的ω值，就能得到一系列的点，连起来就是一条双曲线。

③ 如图7-4所示，ω称为双曲线的离心角，λ称为圆心角。两者关系如下：

$$\tan(\lambda)=\frac{b}{a}\sin(\omega) \tag{7-4}$$

证明：假设P的坐标为（x、y），则 $\tan(\lambda)=\frac{y}{x}$，同时由参数方程得

$$x=a/\cos(\omega)=a\sec(\omega)$$

$$y=b\tan(\omega)$$

则 $\tan(\lambda)=\frac{y}{x}=\frac{b\tan(\omega)}{a\sec(\omega)}=\frac{b}{a}\sin(\omega)$

④ 刚才只求出了双曲线的右边部分，左边部分只要把参数方程作一小变动即可。

参数方程改为：

$$\begin{aligned}x&=-a/\cos(\omega)=-a\sec(\omega)\\y&=b\tan(\omega)\end{aligned} \tag{7-5}$$

3）双曲线的焦点在Y轴上。

① 双曲线的标准方程式一

$$\frac{y^2}{a^2}-\frac{x^2}{b^2}=1(c>a>0,\ b^2=c^2-a^2) \tag{7-6}$$

双曲线的标准方程式二

参数方程

$$\begin{aligned}y&=a/\cos(\omega)=a\sec(\omega)\\x&=b\tan(\omega)\end{aligned} \tag{7-7}$$

② 双曲线几何作图，如图7-5所示。

绘制圆心落在坐标原点上的两个同心圆，大圆半径为a、小圆半径为b。首先过坐标原点绘制射线OA，角度取任意值ω（以Y轴为对称轴，从左向右角度由负变正，λ变化同此），过A点作与OA射线相垂直的射线AM与竖轴线交于点M。过B点作水平射线BN与OA射线交于点N。最后过点M作水平线，过点N作竖线，两者相交于点P（即为双曲线上的一点）。同理只要取不同的ω值，就能得到一系列的点，连起来就是一条双曲线。

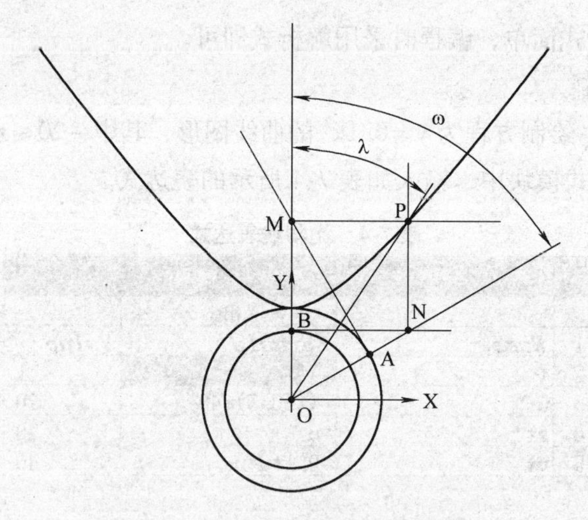

图7-5　Y方向双曲线几何作图法

③ 如图7-5所示，ω叫双曲线的离心角，λ叫做圆心角。两者关系如下：$\tan(\lambda)=\frac{b}{a}\sin(\omega)$，与式（7-4）相同。

证明：假设P的坐标为（x、y），则 $\tan(\lambda)=\frac{x}{y}$，同时由参数方程得

$$y=a/\cos(\omega)=a\sec(\omega)$$

$$x=b\tan(\omega)$$

则 $\tan(\lambda)=\frac{x}{y}=\frac{b\tan(\omega)}{a\sec(\omega)}=\frac{b}{a}\sin(\omega)$

④ 刚才只求出双曲线的上边部分，下边部分只要把参数方程作一小变动即可。

参数方程为：

$$\begin{aligned} y&=-a/\cos(\omega)=-a\sec(\omega)\\ x&=b\tan(\omega)\end{aligned} \tag{7-8}$$

3. 抛物线

1）基本知识　平面内与一个定点F和一条定直线L的距离相等的点的轨迹叫抛物线。点F叫做抛物线的焦点，直线L叫做抛物线的准线。

标准方程有

$$Y^2=\pm 2PX(P>0) \tag{7-9}$$

$$X^2=\pm 2PY(P>0) \tag{7-10}$$

抛物线表达式简单，编程时采用解析式即可。

2）曲线绘制

[例 7-4]　绘制方程为 $y=0.1x^2$ 的曲线图形，其中 $-20\leqslant x\leqslant 20$。

在 UG 表达式模块中，输入如表 7-4 所示的表达式。

表 7-4　抛物线表达式

工作表 在 Expression - model1.prt

	A	B	C
1	*Name*	*Formula*	*Value*
2	t	1	1
3	u	=(t-0.5)*40	20
4	xt	=u	20
5	yt	-0.1*u*u	40

输入表达式后，用绘制规律曲线命令即可得图 7-6 所示图形。

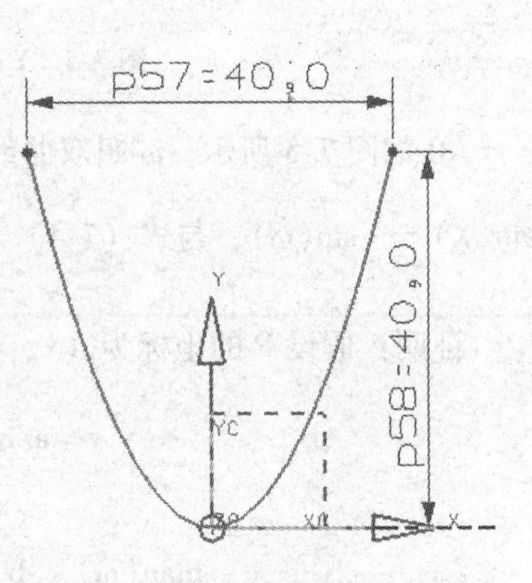

图 7-6　抛物线曲线

7.3　螺旋曲线

螺旋曲线大家日常容易碰到，像螺蛳壳纹理的曲线形。

1. 圆柱螺旋线

在 UG 表达式模块中，输入如表 7-5 所示的表达式。

表 7-5　圆柱螺旋表达式

工作表 在 Expression - model1.prt

	A	B	C
1	*Name*	*Formula*	*Value*
2	t	1	1
3	xt	=4*cos(t*5*360)	4
4	yt	=4*sin(t*5*360)	-1E-13
5	zt	=10*t	10

输入表达式后，用绘制规律曲线命令即可得图 7-7 所示图形。

2. 平面螺旋线

在 UG 表达式模块中，输入如表 7-6 所示的表达式。

输入表达式后，用绘制规律曲线命令即可得图 7-8 所示图形。

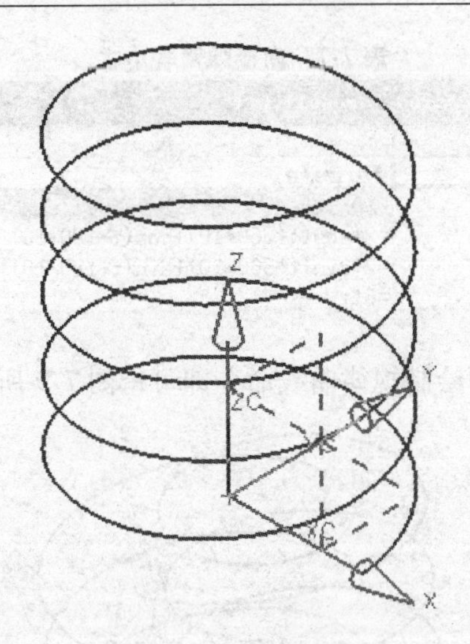

图 7-7 圆柱螺旋曲线

表 7-6 平面螺旋线表达式

工作表 在 Expression - model1.prt

	A	B	C
1	***Name***	***Formula***	***Value***
2	t	1	1
3	xt	=100*t*cos(t*5*180)	-100
4	yt	=100*t*sin(t*5*180)	1.3E-12

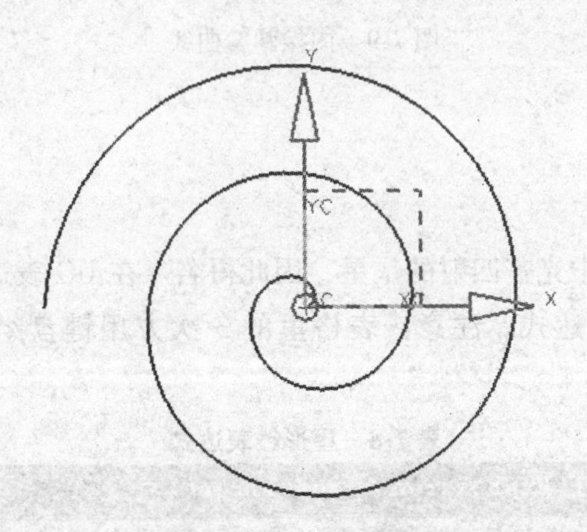

图 7-8 平面螺旋线

3. 内接弹簧

在 UG 表达式模块中，输入如表 7-7 所示的表达式。

表 7-7　内接弹簧表达式

工作表 在 Expression - model1.prt

	A	B	C
1	***Name***	***Formula***	***Value***
2	t	1	1
3	xt	=2*cos(t*360*10)+cos(t*180*10)	3
4	yt	=2*sin(t*360*10)+sin(t*180*10)	-1.3E-13
5	zt	=6*t	6

输入表达式后，用绘制规律曲线命令即可得图 7-9 所示图形。

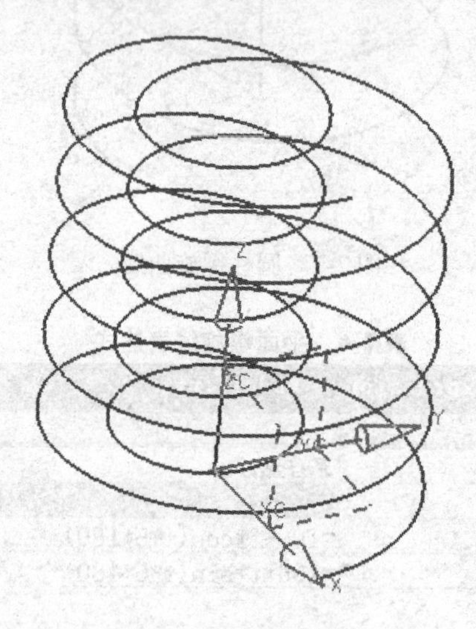

图 7-9　内接弹簧曲线

7.4　星形线

星形线像夜空中光芒四射的星星，因此得名。在 UG 表达式模块中，输入如表 7-8 所示的表达式。注意：表格里的 3 次方用键盘组合键"shift + 6"完成。

表 7-8　星形线表达式

工作表 在 Expression - model1.prt

	A	B	C
1	***Name***	***Formula***	***Value***
2	a	10	10
3	t	1	1
4	xt	=a*(cos(t*360))^3	10
5	yt	=a*(sin(t*360))^3	-1E-42

输入表达式后，用绘制规律曲线命令即可得图7-10所示图形。

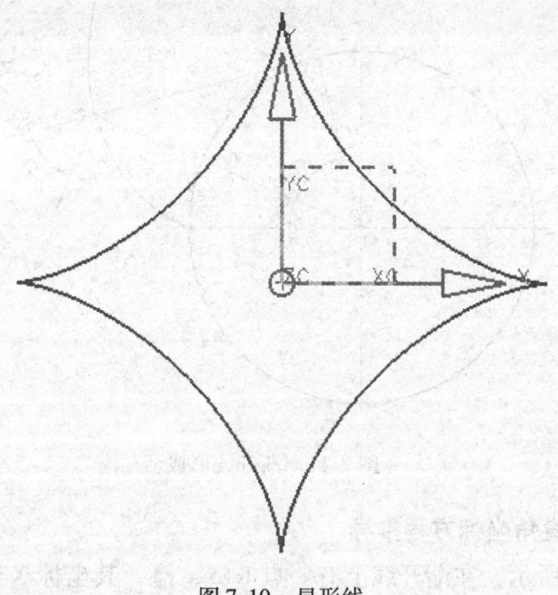

图7-10　星形线

7.5　齿轮渐开线

在工业产品中，齿轮经常用到。轮齿的齿廓曲线大多数是渐开线，因为比较容易制造，而摆线齿轮和圆弧齿轮应用较少。

1. 渐开线的形成

如图7-11所示，当一直线与半径为 r_b 的圆相切，设圆固定不动，而该直线沿圆周作无滑动的纯滚动时，直线上任一点K的轨迹AK称为该圆的渐开线。此圆为渐开线的基圆，该直线称为渐开线的发生线。

2. 渐开线极坐标方程推导

由图7-11可知 α_k 为压力角，θ_k 为展角。令 $\beta_k = \alpha_k + \theta_k$、则 $\theta_k = \beta_k - \alpha_k$。弧长 $NA = r_b\beta_k$，由渐开线特点可知弧长NA等于线段长NK。所以 $\theta_k = \frac{\overline{NK}}{r_b} - \alpha_k = \tan(\alpha_k) - \alpha_k$，很容易得出 $r_k = r_b/\cos(\alpha_k)$，渐开线极坐标方程为：

$$\begin{cases} r_k = r_b/\cos(\alpha_k) \\ \theta_k = \tan(\alpha_k) - \alpha_k \end{cases} \tag{7-11}$$

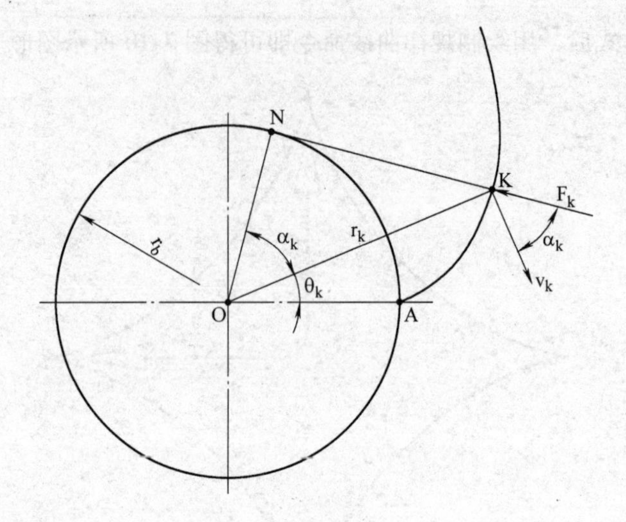

图 7-11　渐开线形成

3. 渐开线直角坐标方程推导

如图 7-12 所示，在渐开线上有一点 K(x，y)，其坐标 X = OD + CK，Y = DN − NC。

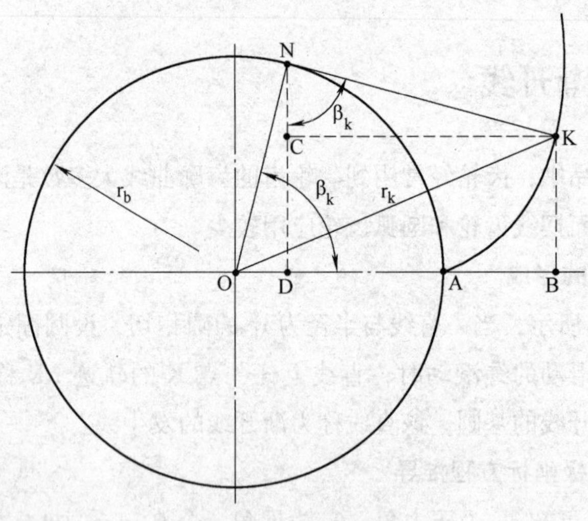

图 7-12　参数关系

由渐开线特点可知，弧长 NA = 线段长 NK = $r_b\beta_k$，而 OD = $r_b\cos(\beta_k)$，CK = $\overline{NK}\sin(\beta_k) = r_b\beta_k\sin(\beta_k)$，

所以 $X = r_b\cos(\beta_k) + r_b\beta_k\sin(\beta_k)$

同理 $Y = r_b\sin(\beta_k) - r_b\beta_k\cos(\beta_k)$

因此，渐开线的直角坐标参数方程为：

$$X = r_b\cos(\beta_k) + r_b\beta_k\sin(\beta_k)$$
$$Y = r_b\sin(\beta_k) - r_b\beta_k\cos(\beta_k) \tag{7-12}$$

（其中 r_b 为基圆半径、$\beta_k = \alpha_k + \theta_k = \tan(\alpha_k)$）

4. 案例应用

[例 7-5]　已知齿轮的模数 m = 4，齿数 Z = 24，分度圆上压力角为标准压力角 20°，压力角从 0°变化至 60°，绘制这段齿轮的渐开线。

在 UG 表达式模块中，输入如表 7-9 所示的表达式，其中 U 为展角即图 7-11所示 θ_k。

表 7-9　极坐标渐开线表达式

工作表 在 Expression - model1.prt

	A	B	C
1	***Name***	***Formula***	***Value***
2	Z	24	24
3	ak	=60*t	60
4	m	4	4
5	rb	=0.5*m*z*cos(20)	45.10525
6	rk	=rb/cos(ak)	90.21049
7	t	1	1
8	u	=tan(ak)-ak*pi()/180	0.684853
9	xt	=rk*cos(u*180/pi())	69.8691
10	yt	=rk*sin(u*180/pi())	57.06349

输入表达式后，用绘制规律曲线命令即可得图 7-13 所示图形。

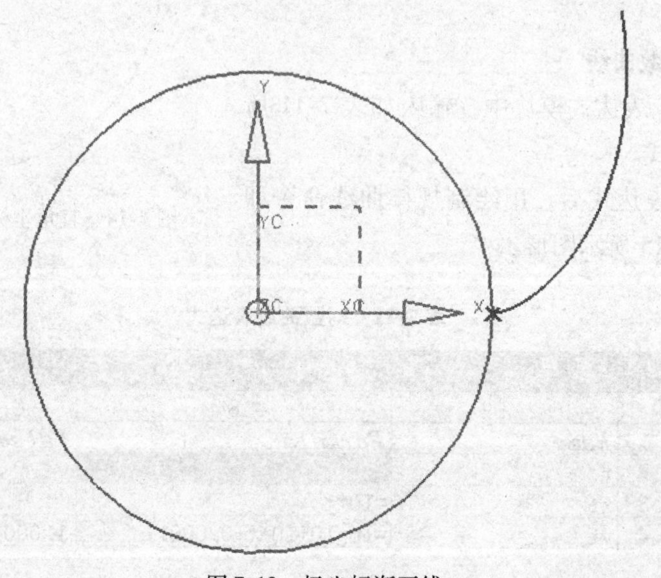

图 7-13　极坐标渐开线

［例 7-6］　已知齿轮基圆半径为 20，$\beta_k = \alpha_k + \theta_k$（从 0°变化至 360°），绘制这段齿轮的渐开线。

在 UG 表达式模块中，输入如表 7-10 所示的表达式。

表 7-10　直角坐标渐开线表达式

工作表 在 Expression - jkxcilun.prt

	A	B	C
1	***Name***	***Formula***	***Value***
2	Bk	=(1-t)*a+t*b	360
3	a	0	0
4	b	360	360
5	_p0	0	0
6	_p1	0	0
7	_p2	0	0
8	_p3	20	20
9	rb	20	20
10	t	1	1
11	xt	=rb*cos(Bk)+rb*rad(Bk)*sin(Bk)	20
12	yt	=rb*sin(Bk)-rb*rad(Bk)*cos(Bk)	-125.664

输入表达式后，用绘制规律曲线命令即可得图 7-14 所示图形。

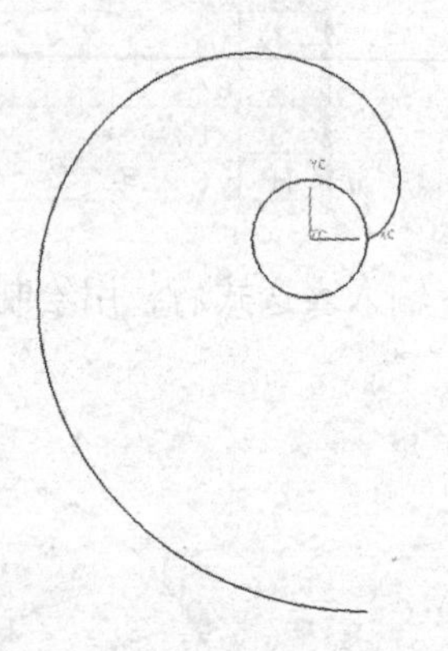

图 7-14　直角坐标渐开线

7.6　其他曲线

1. 对数曲线

在 UG 表达式模块中，输入如表 7-11 所示的表达式。

输入表达式后，用绘制规律曲线命令即可得图 7-15 所示图形。

表 7-11　对数曲线表达式

工作表 在 Expression - model1.prt

	A	B	C
1	***Name***	***Formula***	***Value***
2	t	1	1
3	xt	=10*t	10
4	yt	=log10(10*t+0.0001)	1.000004

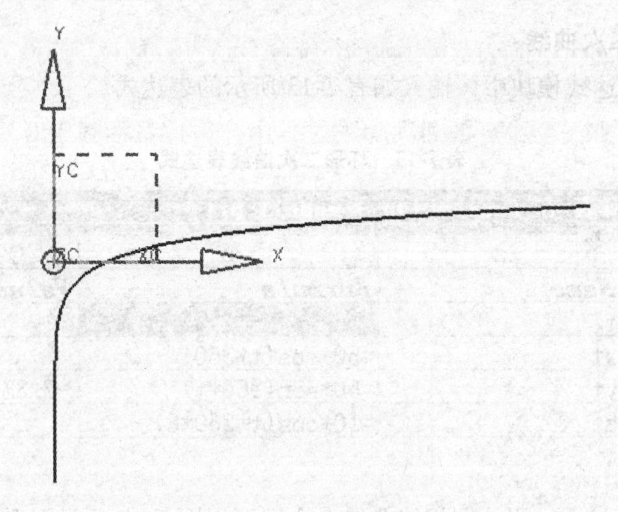

图 7-15　对数曲线

2. 蛇形线

在 UG 表达式模块中，输入如表 7-12 所示的表达式。

表 7-12　蛇形线表达式

工作表 在 Expression - model1.prt

	A	B	C
1	*Name*	*Formula*	*Value*
2	t	1	1
3	xt	=2*cos((t+1)*2*180)	2
4	yt	=2*sin(t*5*360)	-5.2E-14
5	zt	=t*(t+1)	2

输入表达式后，用绘制规律曲线命令即可得图 7-16 所示图形。

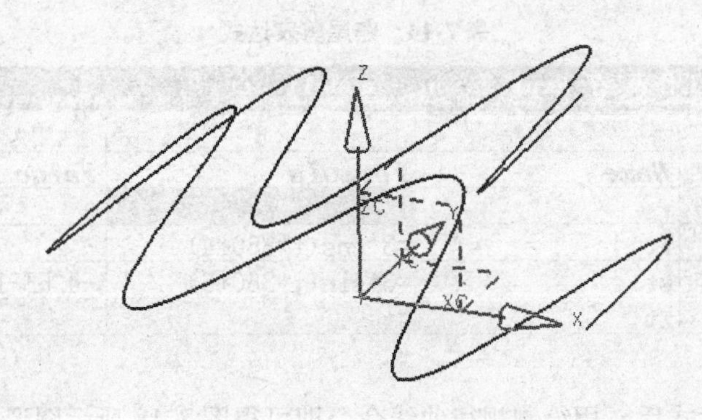

图 7-16　蛇形线

3. 环形二次曲线

在 UG 表达式模块中，输入如表 7-13 所示的表达式。

表 7-13 环形二次曲线表达式

工作表 在 Expression - model1.prt

	A	B	C
1	*Name*	*Formula*	*Value*
2	t	1	1
3	xt	=50*cos(t*360)	50
4	yt	=50*sin(360*t)	-2.3E-13
5	zt	=10*cos(t*360*8)	10

输入表达式后，用绘制规律曲线命令即可得图 7-17 所示图形。

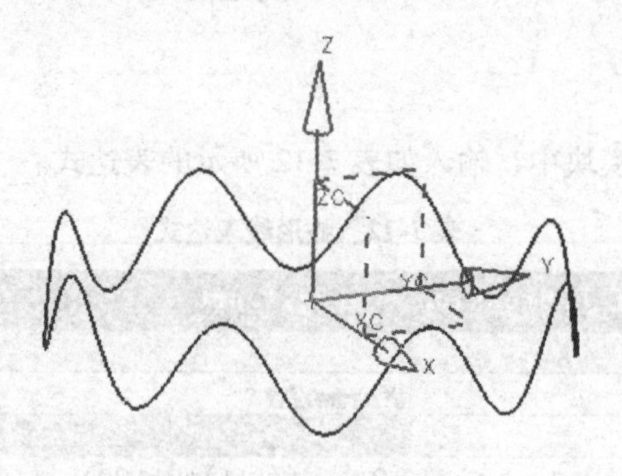

图 7-17 环形二次曲线

4. 燕尾剪

在 UG 表达式模块中，输入如表 7-14 所示的表达式。

表 7-14 燕尾剪表达式

工作表 在 Expression - model1.prt

	A	B	C
1	*Name*	*Formula*	*Value*
2	t	1	1
3	xt	=3*cos(t*360*4)	3
4	yt	=3*sin(t*360*3)	-4.5E-14
5	zt	=t	1

输入表达式后，用绘制规律曲线命令即可得图 7-18 所示图形。

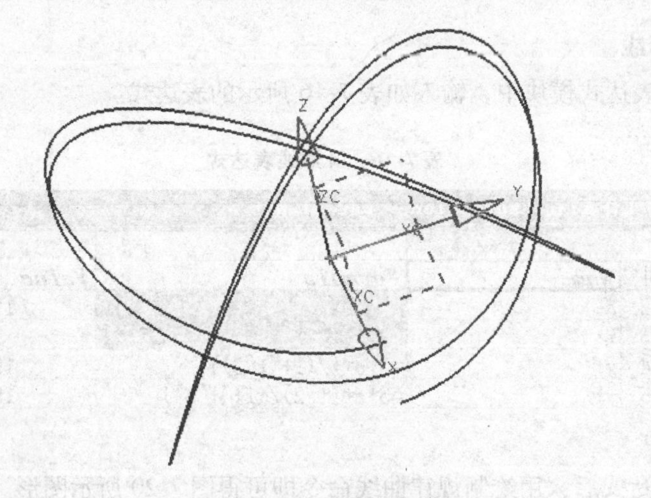

图 7-18　燕尾剪曲线

5. 三尖瓣线

在 UG 表达式模块中，输入如表 7-15 所示的表达式。

表 7-15　三尖瓣线表达式

工作表 在 Expression - model1.prt

	A	B	C
1	***Name***	***Formula***	***Value***
2	a	10	10
3	t	1	1
4	xt	=a*(2*cos(t*360)+cos(2*t*360))	30
5	yt	=a*(2*sin(t*360)-sin(2*t*360))	0

输入表达式后，用绘制规律曲线命令即可得图 7-19 所示图形。

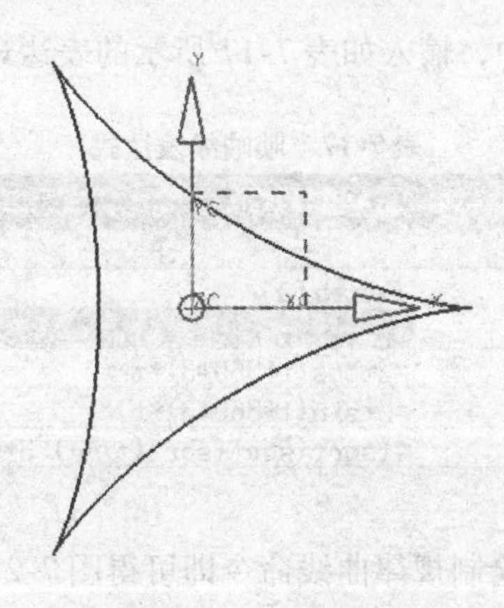

图 7-19　三尖瓣曲线

6. 叶形线

在 UG 表达式模块中，输入如表 7-16 所示的表达式。

表 7-16　叶形线表达式

工作表 在 Expression - model1.prt

	A	B	C
1	*Name*	*Formula*	*Value*
2	a	10	10
3	t	1	1
4	xt	=3*a*t/(1+(t^3))	15
5	yt	=3*a*(t^2)/(1+(t^3))	15

输入表达式后，用绘制规律曲线命令即可得图 7-20 所示图形。

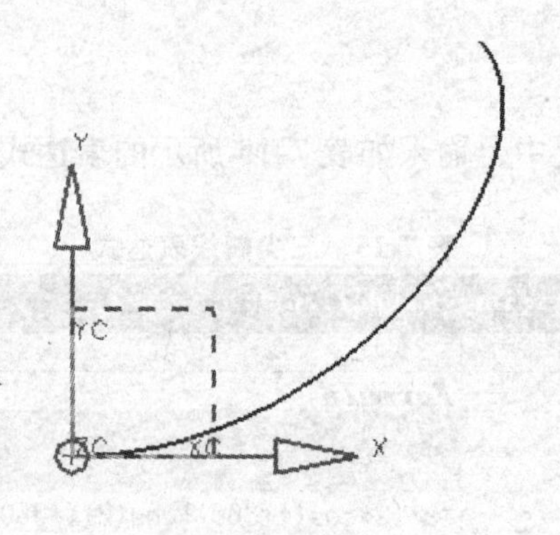

图 7-20　叶形曲线

7. 喷呐线

在 UG 表达式模块中，输入如表 7-17 所示的表达式。

表 7-17　喷呐线表达式

工作表 在 Expression - model1.prt

	A	B	C
1	*Name*	*Formula*	*Value*
2	t	1	1
3	xt	=2*cos(t*360*3)*t	2
4	yt	=2*sin(t*360*3)*t	-3E-14
5	zt	=(sqrt(sqrt(sqrt(t))))^3*5	5

输入表达式后，用绘制规律曲线命令即可得图 7-21 所示图形。

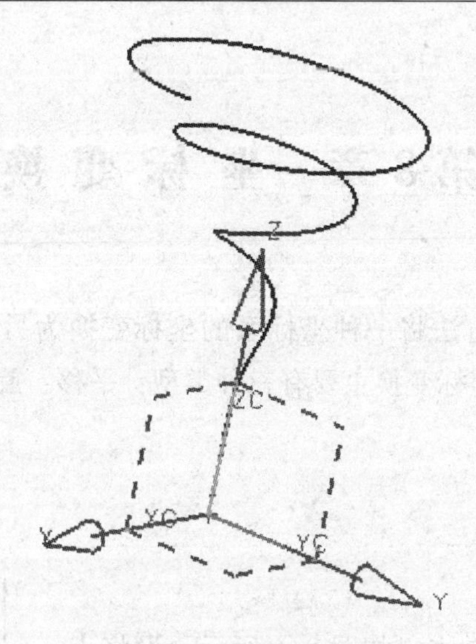

图7-21　唢呐曲线

课后习题

1. 已知圆心坐标（　　），半径为30mm的圆方程是$(z-80)^2+(y-14)^2=302$。

A. 30，14　　B. 14，80　　C. 30，80　　D. 80，14

2. 椭圆参数方程式为（　　）。

A. $X=a\sin\theta$；$Y=b\cos\theta$　　B. $X=b\cos(\theta/b)$；$Y=a\sin\theta$

C. $X=a\cos\theta$；$Y=b\sin\theta$　　D. $X=b\sin\theta$；$Y=a\cos(\theta/a)$

3. 下列（　　）是抛物线方程。

A. $X=a+r\cos\theta$；$Y=b+r\sin\theta$　　B. $X=2pt^2$；$Y=2pt$

C. $X=a\cos\theta$；$Y=b\sin\theta$　　D. $X^2/a^2+Y^2/b^2=1$

E. $Y^2=2pX$

4. 已知某对数曲线方程为$x=10t$、$y=\log(10t+0.0001)$，用UG软件绘出该曲线图形。

5. 已知某正弦曲线方程为$x=50t$、$y=10\sin(360t)$，用UG软件绘出该曲线图形。

6. 已知蝴蝶结曲线方程，用UG软件绘出该曲线图形。

$$x=200t\sin(3600t)$$
$$y=250t\cos(3600t)$$
$$z=300t\sin(1800t)$$

7. 已知心脏线数学方程为$r=2a[1+\cos t]$，自设a值，用UG软件绘出该曲线图形。

第8章　坐标变换

采用一定的数学方法将一种坐标系的坐标变换为另一坐标系的坐标的过程，称为坐标变换。坐标变换主要有三种类型：平移、旋转和缩放。在这里主要分析平移和旋转。

8.1　平移变换

平移是指移动一个点。如图8-1所示，设将点P平移到点P′。

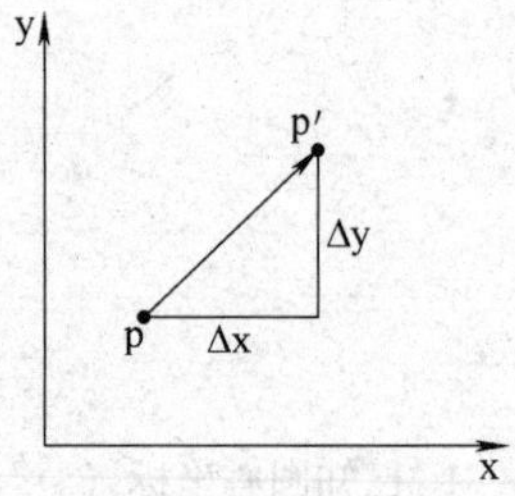

其中沿x方向移动Δx，沿y方向移动Δy，沿z方向移动Δz，可以将此平移表示为：

$$
\begin{aligned}
x' &= x + \Delta x \\
y' &= y + \Delta y \\
z' &= z + \Delta z
\end{aligned}
\qquad (8\text{-}1)
$$

图8-1　二维平移

其矢量形式为 $p' = p + \begin{bmatrix} \Delta x \\ \Delta y \\ \Delta z \end{bmatrix}$

8.2　旋转变换

坐标系统中任一个点的旋转可通过一条旋转轴和一个旋转角度定义。为便于计算，将旋转轴选为坐标系的某一坐标轴，图8-2是点P(x，y)环绕Z轴（根据右手笛卡儿坐标系确定），旋转θ角后到达P′点（x′，y′）的一个二维旋转的例子。

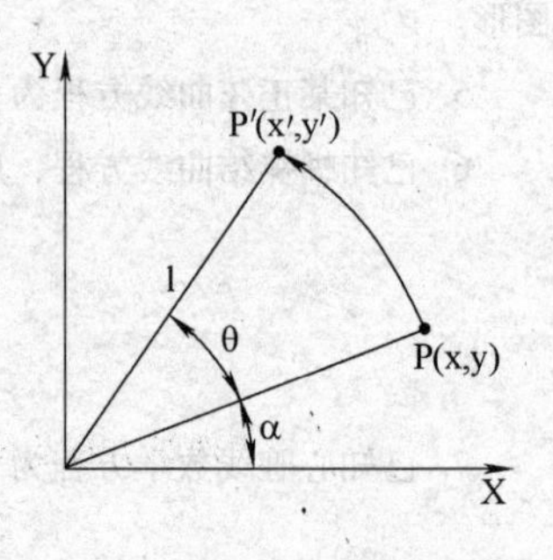

图8-2　点的二维旋转

旋转变换公式推导，由图8-2很容易得出以下表达式。

$$x' = l\cos(\theta + \alpha) = l(\cos\theta\cos\alpha - \sin\theta\sin\alpha)$$

$$y' = l\sin(\theta + \alpha) = l(\sin\theta\cos\alpha + \cos\theta\sin\alpha)$$

把 $l\cos\alpha = x$，$l\sin\alpha = y$ 代入上述表达式，结果如下：

$$\begin{aligned} x' &= x\cos\theta - y\sin\theta \\ y' &= x\sin\theta + y\cos\theta \end{aligned} \tag{8-2}$$

可以将式（8-1）写成矩阵形式：

$$P' = \begin{bmatrix} x' \\ y' \end{bmatrix} = R(z,\theta)P = \begin{bmatrix} \cos\theta & -\sin\theta \\ \sin\theta & \cos\theta \end{bmatrix}\begin{bmatrix} x \\ y \end{bmatrix} \tag{8-3}$$

矩阵 $R(z, \theta)$ 称为绕 Z 轴进行二维旋转的变换矩阵。可以用相同的方式得到 $R(x, \theta)$ 和 $R(y, \theta)$。在三维空间，旋转变换矩阵有 $3 \times 3 = 9$ 个元素，即：

$$R(x,\theta) = \begin{bmatrix} 1 & 0 & 0 \\ 0 & \cos\theta & -\sin\theta \\ 0 & \sin\theta & \cos\theta \end{bmatrix}$$

$$R(y,\theta) = \begin{bmatrix} \cos\theta & 0 & \sin\theta \\ 0 & 1 & 0 \\ -\sin\theta & 0 & \cos\theta \end{bmatrix}$$

$$R(z,\theta) = \begin{bmatrix} \cos\theta & -\sin\theta & 0 \\ \sin\theta & \cos\theta & 0 \\ 0 & 0 & 1 \end{bmatrix}$$

8.3　实例验证

［例］　用 UG 软件绘出如图 8-3 所示的正弦曲线图形。

仔细分析，该段轮廓曲线起初是位置正的正弦曲线，经过平移和旋转才成为现在这样。

1. 方程式确定

最初的曲线方程为 $Y = 5\sin(0.08\pi X)$，曲线如图 8-4 所示。

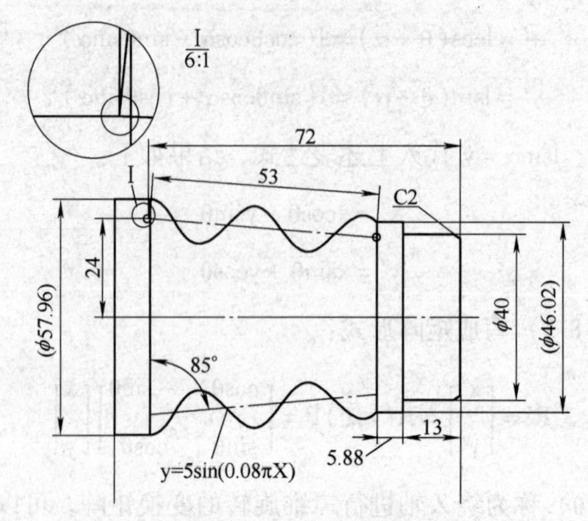

图 8-3　倾斜正弦曲线

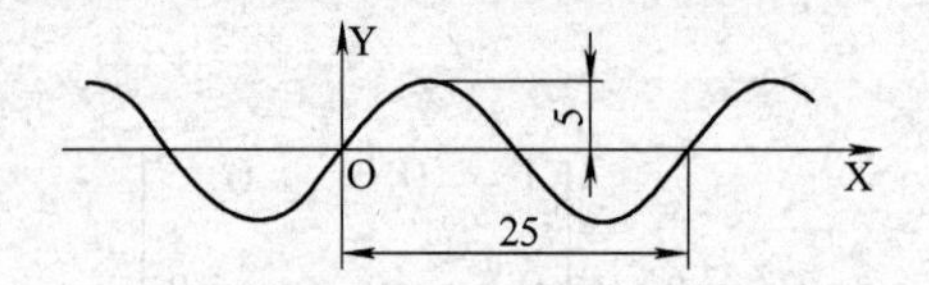

图 8-4　最初曲线图形

接下来把图形向左平移相位角 π/2，方程变为：

$$Y = 5\sin（0.08\pi X + \pi/2）$$

当 X 从 0 至 53 变化时，曲线如图 8-5 所示。

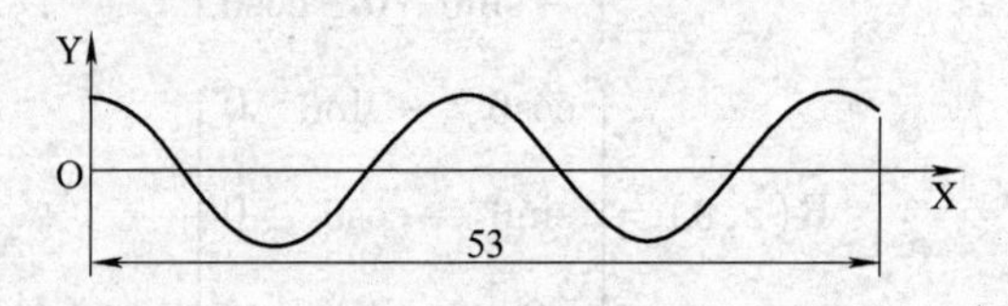

图 8-5　相位偏移

把图 8-5 所示的曲线，以坐标原点为旋转中心，绕 Z 轴逆时针转过一个 $\theta = 355°$ 角度，即得图 8-6 所示图形。

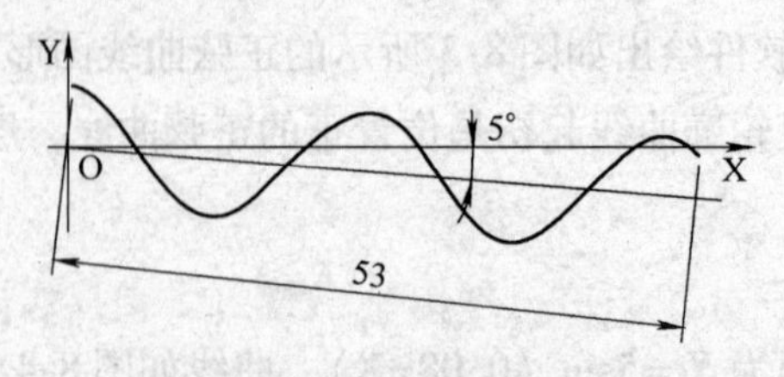

图 8-6　旋转变换

首先采用式（8-3）进行旋转变换，得以下表达式。

$$\begin{pmatrix} X \\ Y \end{pmatrix} = \begin{pmatrix} \cos\theta & -\sin\theta \\ \sin\theta & \cos\theta \end{pmatrix} \begin{pmatrix} X \\ 5\sin\ (0.08\pi X + \pi/2) \end{pmatrix}$$

按式（8-2）进行拆分，得原坐标系下经旋转变换后的方程式。

$$\begin{cases} X = X\cos\theta - 5\sin(0.08\pi X + \pi/2)\sin\theta \\ Y = X\sin\theta + 5\sin(0.08\pi X + \pi/2)\cos\theta \end{cases}$$

再利用式（8-1）进行平移，得到图 8-3 所示轮廓曲线的最终表达式（坐标原点设在工件右端面中心）

$$\begin{cases} X = X\cos\theta - 5\sin(0.08\pi X + \pi/2)\sin\theta - 72 \\ Y = X\sin\theta + 5\sin(0.08\pi X + \pi/2)\cos\theta + 24 \end{cases} \tag{8-4}$$

2. UG 软件验证

在 UG 表达式模块中，输入如表 8-1 所示的表达式。再次提醒，UG 软件只能用度数来表示角度，而不能用弧度。

表 8-1 倾斜正弦曲线表达式

	A	B	C
1	*Name*	*Formula*	*Value*
2	a	355	355
3	t	1	1
4	u	=53*t	53
5	x	=u	53
6	xt	=x*cos(a)-y*sin(a)-72	-18.884
7	y	=5*sin(0.08*180*x+90)	3.644843
8	yt	=x*sin(a)+y*cos(a)+24	23.01172

输入表达式后，用绘制规律曲线命令得图 8-7 所示图形，不难发现其与图样要求相符。

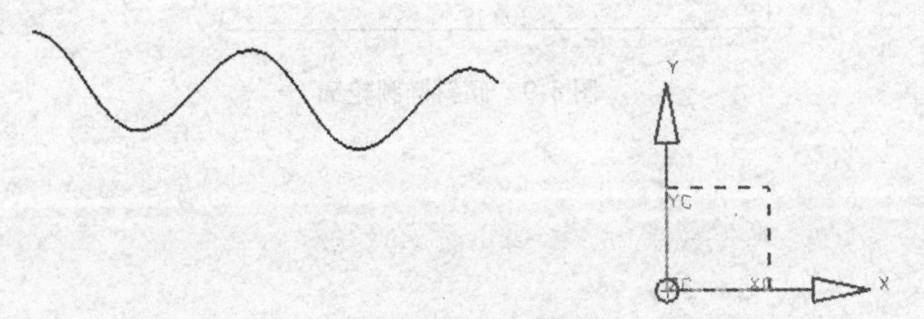

图 8-7 倾斜正弦曲线

课后习题

1. 如图 8-8 所示，用 UG 软件绘出双曲线轮廓或求出经平移和旋转变换后的曲线方程。

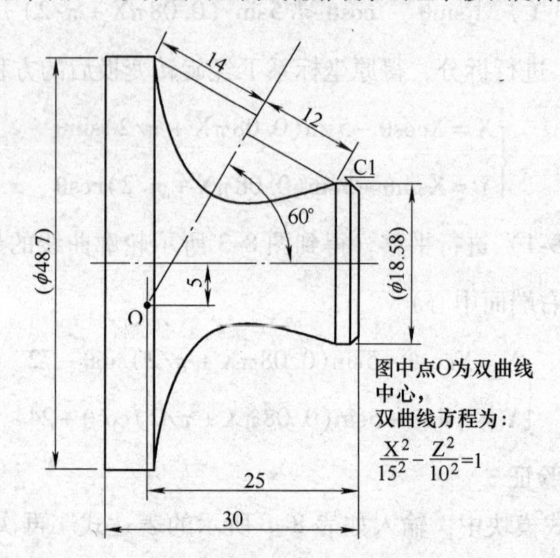

图 8-8　倾斜双曲线轮廓

2. 如图 8-9 所示，用 UG 软件绘出椭圆轮廓或写出经平移和旋转变换后的椭圆方程。

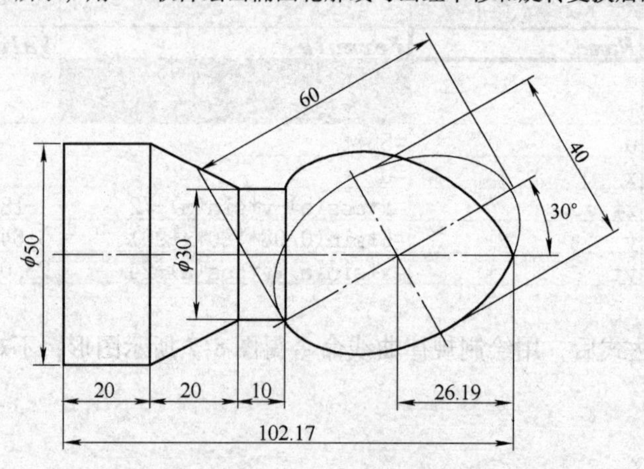

图 8-9　倾斜椭圆轮廓

第9章 数控车床宏程序编制

在前面章节中学习了宏程序编程基础、坐标变换及利用UG软件进行工程曲线的绘制，接下来学习数控车床宏程序编制。

9.1 简单椭圆类零件数控车床宏程序编制

以前提到曲线方程有三种表达式：直角坐标、参数式、极坐标。在程序编制中常用的是前两者，在此分别举例说明。

9.1.1 直角坐标方式编程

有一零件如图9-1所示，其中点O是椭圆中心。

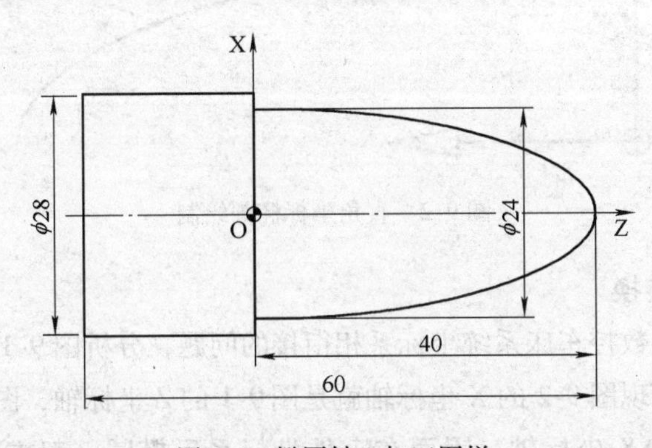

图9-1 椭圆轴1加工图样

1. 数学分析

图9-1所示的坐标系是数控车床后置刀架的工件坐标系，接下来分析的椭圆图形是在XY坐标系下，只要认为图9-1所示的X轴是Y轴，而Z轴是X轴即可。那么由图得出椭圆方程为$\frac{X^2}{A^2}+\frac{Y^2}{B^2}=1$，A=40、B=12、坐标原点在O点，设X为变量，则方程式为$\begin{cases} X'=X \\ Y'=B\sqrt{1-X^2/A^2} \end{cases}$（对旋转类零件只要加工一

半轮廓即可，所以此处 Y 取正值)。

2. 用 UG 软件绘制曲线

把 X 作为变量（即表 9-1 中的 U）从 40 到 0 变化。在 UG 表达式模块中，输入如表 9-1 所示的表达式。

表 9-1　直角坐标参数输入

工作表 在 Expression - model1.prt

	A	B	C
1	*Name*	*Formula*	*Value*
2	a	40	40
3	b	12	12
4	t	1	1
5	u	=40*(1-t)	0
6	xt	=u	0
7	yt	=b*sqrt(1-u*u/a/a)	12

输入表达式后，用绘制规律曲线命令即可得图 9-2 所示图形。

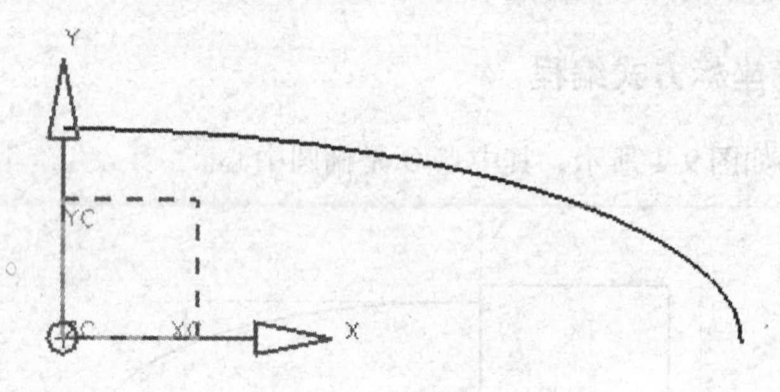

图 9-2　直角坐标椭圆绘制

3. 坐标系转换

首先解决与数控车床系统坐标系相衔接的问题，分析图 9-1 与图 9-2 所用坐标系，不难发现图 9-2 的 X 坐标轴就是图 9-1 的 Z 坐标轴，图 9-2 的 Y 坐标轴就是图 9-1 的 X 坐标轴。因而在工件坐标系下椭圆一般方程即变成如下表达式。

$$\begin{cases} Z' = Z \\ X' = B\sqrt{1 - Z^2/A^2} \end{cases}，Z 从 40 到 0 变化。$$

4. 编程

根据图 5-3 所示的编程设计流程图，编写出宏程序。

宏程序编程，设 Z 为变量，初值为 40、终值为 0。

```
#1 =40;                          变量初值
WHILE #1 GE 0;                   当变量值大于等于 0
```

```
#11 = 12 * sqrt[1 - #1 * #1/1600];      算出 X 坐标
#12 = #1;                               算出 Z 坐标
G01X[2 * [#11]]Z[#12];                  直径编程方式
#1 = #1 - 0.02;                         每一次递减 0.02
ENDW;
```

选毛坯 ϕ30mm × 100mm，注意编程原点设在椭圆中心，零件完整加工程序如下：

```
O7777;
%7777;
M03  S1000;
T0101;
G00  X30  Z45;
G71  U2  R5  P1  Q2  X0.5  Z0.3  F100;
G00  X100;
Z140;
M05;
M00;
M03  S1500;
T0101;
G00  X30  Z45;
N1  G00  X0  Z42;
G01  Z40  F200;
#1 = 40;
WHILE  #1  GE  0;
#11 = 12 * SQRT[1 - #1 * #1/1600];
#12 = #1;
G01X[2 * [#11]]Z[#12];
#1 = #1 - 0.02;
ENDW;
G01  X28;
Z - 20;
N2  G01  X32;
```

```
G00 X100;
Z100;
M05;
M30;
```

5. 加工结果

用 VNUC 软件仿真结果如图 9-3 所示，若采用后置刀架，程序中的 M03 需改为 M04。

图 9-3 椭圆轴 1 加工成品

9.1.2 参数方程方式编程

1. 数学分析

椭圆参数方程为 $\begin{cases} X = A\cos\omega \\ Y = B\sin\omega \end{cases}$

其中 A = 40、B = 12，坐标原点设在椭圆中心，当 ω 为 0° ~ 90°时，就能得到加工所需轮廓。

2. 用 UG 软件绘制曲线

在 UG 表达式模块中，输入如表 9-2 所示的表达式。

输入表达式后，用绘制规律曲线命令即可得图 9-4 所示图形。

表9-2　参数方程参数输入

列出的表达式

命名的

名称 ▲	公式	值	单位	类型
a	40	40		数字
b	12	12		数字
t (规律曲线...	1	1		数字
u	90*t	90	度	数字
xt (规律曲...	a*cos(u)	4.685...	mm	数字
yt (规律曲...	b*sin(u)	12	mm	数字

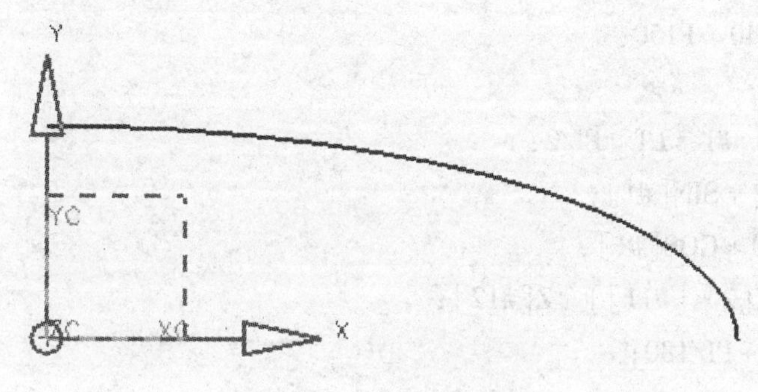

图9-4　参数式椭圆绘制

3. 编程

宏程序编程

```
#1 =0;          变量初值
WHILE  #1  LT  PI/2;          当变量值小于等于90°
#11 =12 * SIN [#1];           算出X坐标
#12 =40 * COS [#1];           算出Z坐标
G01X[2 * [#11]]Z[#12];        直径编程方式
#1 =#1 +PI/180;               增量为1°
ENDW;
```

选毛坯 ϕ30mm×100mm，注意编程原点设在椭圆中心，零件完整加工程序如下：

```
O9999;
%9999;
M03  S1000;
T0101;
G00  X30  Z45;
```

```
G71  U2  R5  P1  Q2  X0.5  Z0.3  F1200;
G00  X100;
Z140;
M05;
T0101;
M03  S1500;
G00  X30  Z45;
N1  G00  X0  Z42;
G01  Z40  F150;
#1 = 0;
WHILE  #1  LT  PI/2;
#11 = 12 * SIN[#1];
#12 = 40 * COS[#1];
G01  X[2 * [#11]]  Z[#12];
#1 = #1 + PI/180;
ENDW;
G01  X28;
Z - 20;
N2  G01  X32;
G00  X100;
Z100;
M05;
M30;
```

4. 加工结果

用 VNUC 软件仿真结果如图 9-5 所示。

9.1.3 加工实例

[**例 9-1**]　有一零件如图 9-6 所示，主要轮廓形状是一椭圆。

1. 数学分析

由图 9-6 得 A = 40、B = 22.5，圆心角 λ = 140，根据转角变量 ω 与圆心角 λ 对应关系，即

$$\tan\lambda = \frac{B\sin\omega}{A\cos\omega} = \frac{B}{A}\tan\omega$$

图9-5 椭圆轴1加工成品

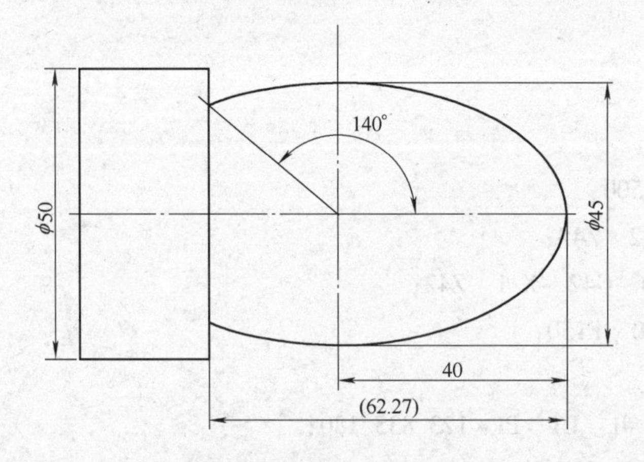

图9-6 椭圆轴2加工图样

可算出 ω=123. 835 。具体可参考7. 2圆锥曲线相关内容。

2. 编程

宏程序编程

#1 =0；	变量初值
WHILE #1 LT PI＊123. 835/180；	当变量值小于等于123. 835°
#11 =22. 5＊SIN[#1]；	算出X坐标
#12 =45＊COS[#1]；	算出Z坐标

```
G01  X[2[#11]]Z[#12];                    直径编程方式
#1 = #1 + PI/180;                         增量为1°
ENDW;
```

选毛坯 φ50mm×100mm，注意编程原点设在椭圆中心，零件完整加工程序如下：

（此处加上了刀补指令）

```
O8888;
%8888;
M03  S1000;
T0101;
G00  X52  Z45;
G71  U2  R5  P1  Q2  X0.5  Z0.3  F120;
G00  X100;
Z140;
M05;
M00;
T0101;
M03  S1500;
G00  X52  Z45;
N1  G00  G42  X-1  Z42;
G01  Z40  F150;
#1 = 0;
WHILE  #1  LT  PI * 123.835/180;
#11 = 22.5 * SIN[#1];
#12 = 40 * COS[#1];
G01  X[2 * [#11]]  Z[#12];
#1 = #1 + PI/180;
ENDW;
G01  X52;
N2  G01  G40  X55;
G00  X100;
Z140;
```

M05;

M30;

3. 加工结果

用 VNUC 软件仿真结果如图 9-7 所示。

图 9-7　椭圆轴 2 加工成品

9.2　倾斜圆锥曲线宏程序编制

9.2.1　倾斜椭圆

有零件如图 9-8 所示，选用毛坯为 ϕ50 长 80mm，材料为铝合金，左端用三爪卡盘夹住，用 90°外圆车刀（副偏角要稍大一些）粗精车。要求在配置华中世纪星车床数控系统（HNC-21/22T）的数控车床上加工。

1. 数学分析

由图 9-9 可知，正椭圆 1 通过坐标旋转及平移变换即可得到一般位置的斜椭圆 3。

1）一般位置斜椭圆方程确定　图 9-9 所示椭圆 1 表达方程式常见的有两种。

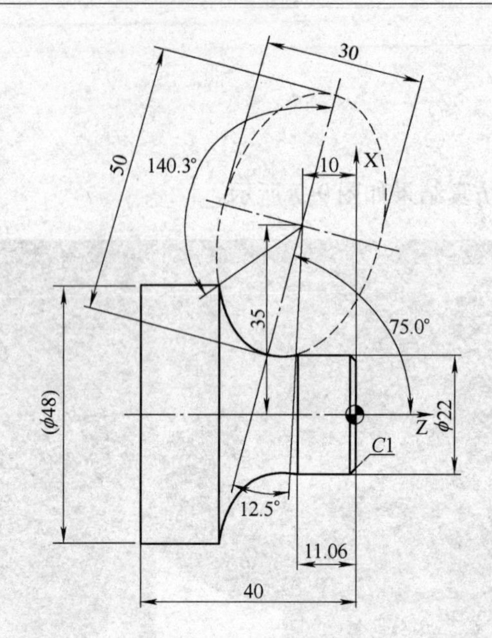

图 9-8　倾斜椭圆轴加工图样

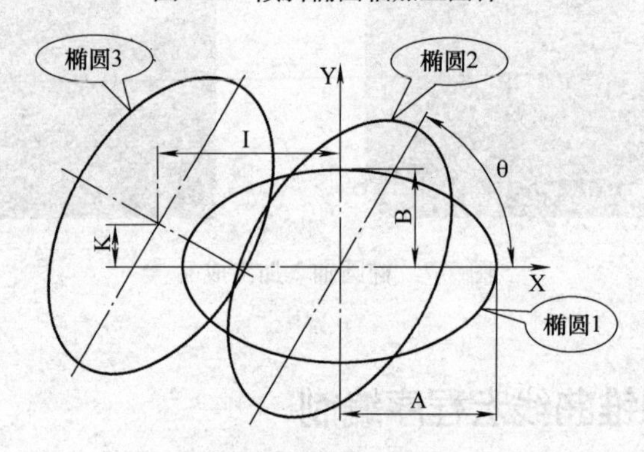

图 9-9　数学模型

$$\frac{X^2}{A^2}+\frac{Y^2}{B^2}=1 \tag{9-1}$$

$$\begin{cases} X = A\cos\omega \\ Y = B\sin\omega \end{cases} \tag{9-2}$$

当椭圆 1 逆时针转过一个 θ 角度得椭圆 2，只能采用式（8-3）进行旋转变换，如下所示：

$$\begin{pmatrix} X \\ Y \end{pmatrix} = \begin{pmatrix} \cos\theta & -\sin\theta \\ \sin\theta & \cos\theta \end{pmatrix}\begin{pmatrix} A\cos\omega \\ B\sin\omega \end{pmatrix}$$

把上式拆分出来得椭圆2在原坐标系下的方程，

$$\begin{cases} X = A\cos\omega\cos\theta - B\sin\omega\sin\theta \\ Y = A\cos\omega\sin\theta + B\sin\omega\cos\theta \end{cases}$$

再利用式8-1进行坐标平移，得椭圆3一般位置方程。

$$\begin{cases} X = A\cos\omega\cos\theta - B\sin\omega\sin\theta + I \\ Y = A\cos\omega\sin\theta + B\sin\omega\cos\theta + K \end{cases} \tag{9-3}$$

2）解决与数控车系统坐标系相衔接的问题　分析图9-8与图9-9所用坐标系，不难发现图9-8的X坐标轴就是图9-9的Y坐标轴，图9-8的Z坐标轴就是图9-9的X坐标轴。因而在加工坐标系下斜椭圆一般方程即变成下式。

$$\begin{cases} Z = A\cos\omega\cos\theta - B\sin\omega\sin\theta + I \\ X = A\cos\omega\sin\theta + B\sin\omega\cos\theta + K \end{cases}$$

3）具体方程求解　由图9-8得到 $A=25$、$B=15$、$\theta=75°$、$I=-10$、$K=35$、$\lambda_1=192.5°$、$\lambda_2=140.3°$。根据式（7-1）

$$\tan\lambda = \frac{B\sin\omega}{A\cos\omega} = \frac{B}{A}\tan\omega$$

计算出椭圆的起始转角变量 $\omega_1=200.2°$、终止转角变量 $\omega_2=125.8°$。因为华中数控车系统角度用弧度表示，所以最终方程式为下式。

$$\begin{cases} Z = 25\cos\omega\cos(5\pi\div12) - 15\sin\omega\sin(5\pi\div12) - 10 \\ X = 25\cos\omega\sin(5\pi\div12) + 15\sin\omega\cos(5\pi\div12) + 35 \end{cases}$$

2. 用UG软件绘制曲线

1）正椭圆绘制　在UG表达式模块中，输入如表9-3所示的表达式。

表9-3　正椭圆参数输入

列出的表达式

命名的

名称 ▲	公式	值	单位	类型
a	25	25		数字
b	15	15		数字
t	1	1		数字
u	(1-t)*u0+t*u1	360	度	数字
u0	0	0	度	数字
u1	360	360	度	数字
xt	a*cos(u)	25	mm	数字
yt	b*sin(u)	-7.02...	mm	数字

输入表达式后，用绘制规律曲线命令即可得图 9-10 所示图形。

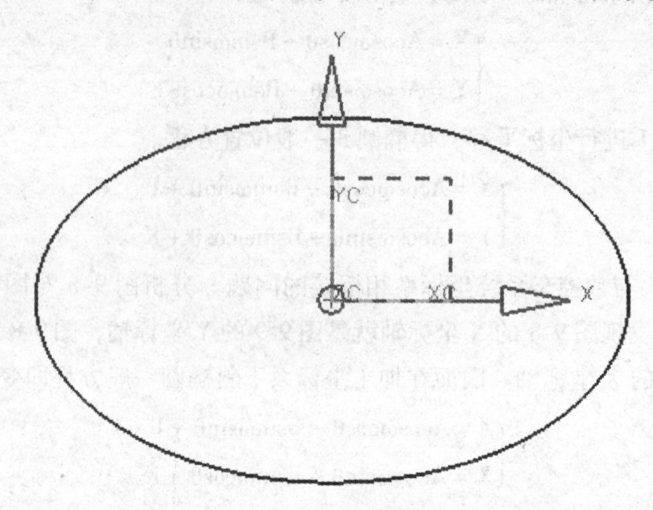

图 9-10　正椭圆曲线

2）旋转变换　要把图 9-10 所示的椭圆逆时针旋转 75°，只要在表 9-3 上加以下两行语句，如表 9-4 所示。

$$\begin{cases} Xt1 = A\cos\omega\cos\theta - B\sin\omega\sin\theta \\ Yt1 = A\cos\omega\sin\theta + B\sin\omega\cos\theta \end{cases}$$

表 9-4　旋转变换参数输入

工作表 在 Expression - qxtuoyuan.prt

	A	B	C
1	***Name***	***Formula***	***Value***
2	a	25	25
3	b	15	15
4	t	1	1
5	u	=(1-t)*u0+t*u1	360
6	_u0	0	0
7	_u1	360	360
8	xt	=a*cos(u)	25
9	_xt1	=xt*cos(75)-yt*sin(75)	6.470476
10	yt	=b*sin(u)	-7E-14
11	_yt1	=xt*sin(75)+yt*cos(75)	24.14815

绘制曲线时，当出现定义 X 时，只要把图 6-9 所示 xt 改为 Xt1 即可，当定义 Y 时，也如此，即可得图 9-11 所示的图形。具体操作可参考章节 6.3。

3）平移变换　在表 9-4 所示 Xt1 语句后面加上 -10，在 Yt1 语句后面加上 35，如表 9-5 所示。

修改表达式后，图 9-11 所示图形当即变为图 9-12 所示图形。

表 9-5　平移变换参数输入

工作表 在 Expression - qxtuoyuan.prt

	A	B	C
1	*Name*	*Formula*	*Value*
2	a	25	25
3	b	15	15
4	t	1	1
5	u	=(1-t)*u0+t*u1	360
6	_u0	0	0
7	_u1	360	360
8	xt	=a*cos(u)	25
9	_xt1	=xt*cos(75)-yt*sin(75)-10	-3.52952
10	yt	=b*sin(u)	-7E-14
11	_yt1	=xt*sin(75)+yt*cos(75)+35	59.14815

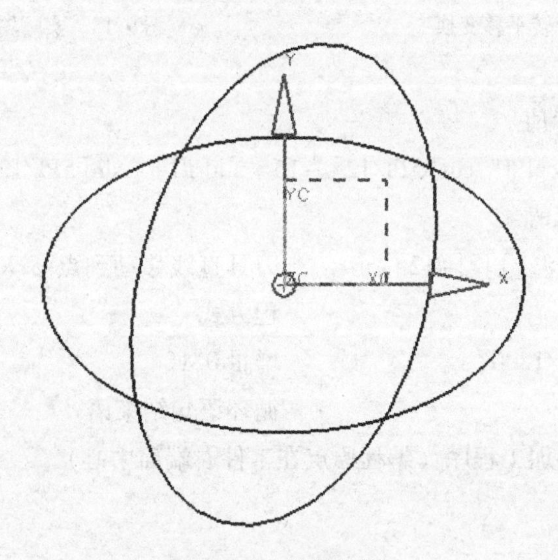

图 9-11　旋转变换

4）实际轮廓绘制　椭圆的起始转角变量 ω_1 = 200.2°、终止转角变量 ω_2 = 125.8°。把表 9-5 所示的 u0、u1 值改为 u0 = 200.2、u1 = 125.8，即可得图 9-13所示图形，与图样相符。

3. 编程

宏程序：

```
#1 = PI * 200.2/180;                    #1 即 θ 起始角 200.2°
WHILE   #1   GE [PI * 125.8/180];       条件表达式，当 θ 大于终止角
                                        125.8°时
#11 = 25 * cos[#1] * sin[5PI/12] + 15 * sin[#1]cos[5PI/12] + 35;
```

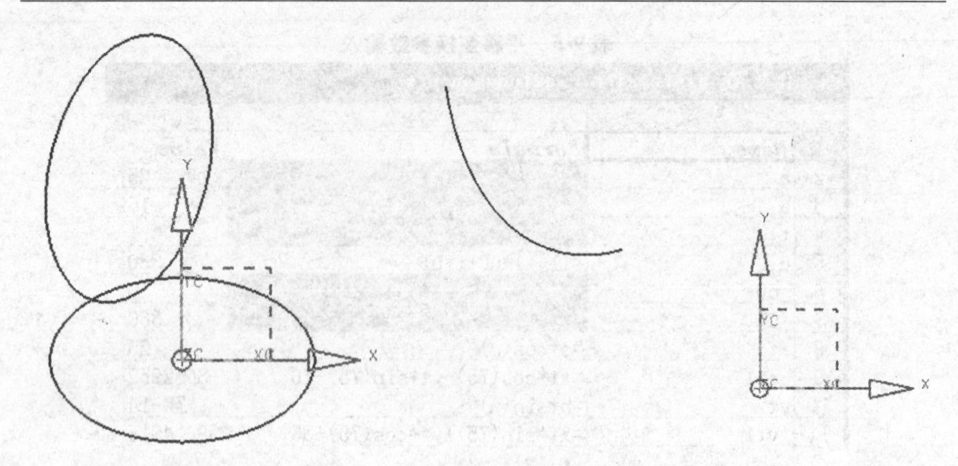

图 9-12　旋转平移变换　　　　图 9-13　实际轮廓

计算 X 坐标值

#12 = 25 * cos[#1]cos[5PI/12] - 15 * sin[#1] * sin[5PI/12] - 10;

计算 Z 坐标值

G01X[2 * [#11]]Z[#12];　　　刀具直线移动到点 ϕ2X，Z 处，直径编程方式

#1 = #1 - PI/1800;　　　增量 0.1°

ENDW;　　　循环语句结束语

零件完整的加工程序（编程原点在工件右端面中心）

```
O0825;
%0825;
G90;
M03  S1000;
T0101;
G00  X52  Z5;
G71  U2  R5  P1  Q2  X0.5  Z0.3  F90;
G00  X100;
Z100;
M05;
M00;
M03  S1500;
```

```
T0101;
G00  X52  Z5;
N1  G00  X22  Z5;
G01  X20  Z2  F120;
Z0;
X22  Z-1;
Z-11.05;
#1=PI*200.2/180;
WHILE #1  GE[PI*125.8/180];
#11=25*COS[#1]*SIN[5*PI/12]+15*SIN[#1]*COS[5*PI/12]
+35;
#12=25*COS[#1]*COS[5*PI/12]-15*SIN[#1]*SIN[5*PI/12]-10;
G01  X[2*[#11]]Z[#12];
#1=#1-PI/1800;
ENDW;
G01  Z-41;
N2  G00  X52;
X100;
Z100;
M05;
M30;
```

4. 加工结果

加工结果如图 9-14 所示。

图 9-14　倾斜椭圆轴加工成品

9.2.2　倾斜抛物线

有零件如图 9-15 所示，主要轮廓是一倾斜抛物线。

1. 用 UG 软件绘制曲线

1）绘制位置正的抛物线　以图 9-15 所示工件右端面中心作为坐标原点，在 UG 表达式模块中，输入如表 9-6 所示的表达式。

输入表达式后，用绘制规律曲线命令即可得图 9-16 所示图形。

2）旋转变换　要把图 9-16 所示曲线逆时针旋转 -15°，即 θ = -15°。在表 9-6加入以下两行语句。再一次用绘制规律曲线命令即可得图 9-17 所示图形。

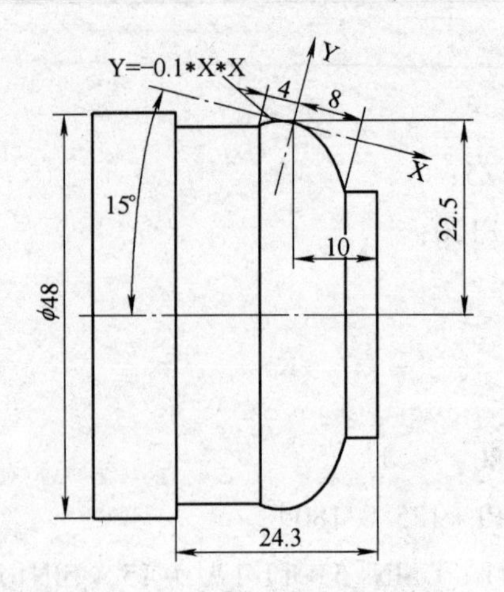

图 9-15　倾斜抛物线加工图样

表 9-6　正抛物线参数输入

列出的表达式

命名的

名称	公式	值	单位	类型
t	1	1		数字
u	(1-t)*u0+t*u1	-4		数字
u0	8	8		数字
u1	-4	-4		数字
xt	u	-4	mm	数字
yt	-0.1*u*u	-1.6	mm	数字

$Xt_1 = Xt\cos\theta - Yt\sin\theta$

$Yt_1 = Xt\sin\theta + Yt\cos\theta$

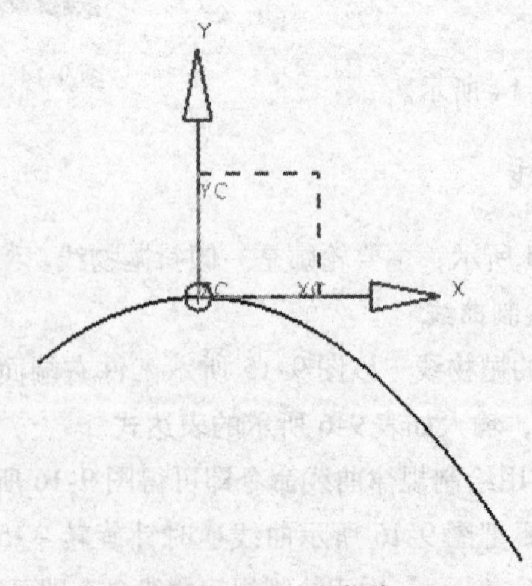

图 9-16　正抛物线

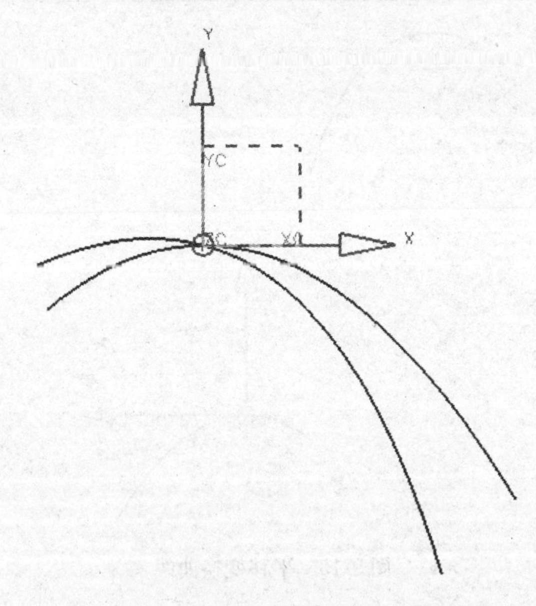

图9-17　旋转变换

3）平移变换　只要如表9-7所示进行修改，平移X方向-10、Y方向22.5。则图9-17即变为图9-18。

表9-7　旋转平移变换参数输入

工作表 在 Expression - pwx.prt

	A	B	C
1	***Name***	***Formula***	***Value***
2	t	1	1
3	u	=(1-t)*u0+t*u1	-4
4	_u0	8	8
5	_u1	-4	-4
6	xt	=u	-4
7	_xt1	=xt*cos(-15)-yt*sin(-15)-10	-14.2778
8	yt	=-0.1*u*u	-1.6
9	_yt1	=xt*sin(-15)+yt*cos(-15)+22.5	21.98979

2. 编程

宏程序：

```
#1 =8;                                          变量初值
#2 = -15 * PI/180;                              旋转角
#11 =#1 * COS[#2] +0.1 * #1 * #1 * SIN[#2] -10;    Z方向坐标
#12 =#1 * SIN[#2] -0.1 * #1 * #1 * COS[#2] +22.5;  X方向坐标
G01   X[2 * #12]   Z0;                          自动算出右端小
                                                端直径
```

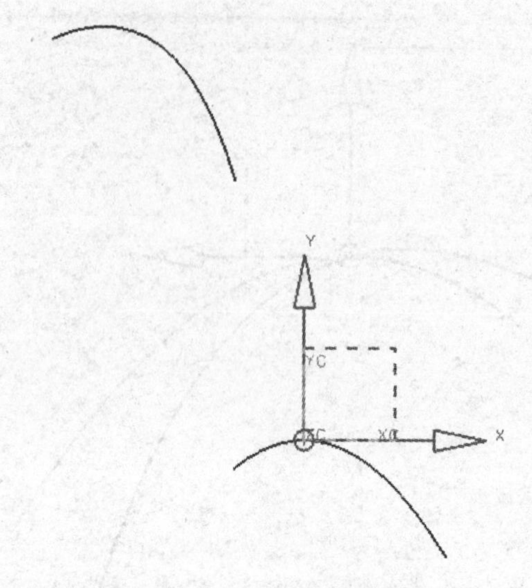

图 9-18　平移变换曲线

```
Z [#11];
WHILE#1GE -4;                                        当变量值大于等于 -4 时
#11 = #1 * COS[#2] + 0.1 * #1 * #1 * SIN[#2] - 10;   Z 方向坐标
#12 = #1 * SIN[#2] - 0.1 * #1 * #1 * COS[#2] + 22.5; X 方向坐标
G01X[2 * #12]Z[#11];                                 直径编程方式
#1 = #1 - 0.1;
ENDW;
```

零件完整的加工程序（编程原点在工件右端面中心）：

```
O0109;
%0109;
M03   S1000;
T0101;
G00   X50   Z5;
G71   U2   R5   P1   Q2   X0.5   Z0   F120;
G00   X50;
Z100;
M05;
M03   S2000;
```

```
T0101;
G00  X50  Z5;
N1  G01  G42  X30  Z3  F100;
#1 =8;
#2 = -15 * PI/180;
#11 =#1 * COS[#2] +0.1 * #1 * #1 * SIN[#2] -10;
#12 =#1 * SIN[#2] -0.1 * #1 * #1 * COS[#2] +22.5;
G01  X[2 * #12]  Z0;
Z[#11];
WHILE#1  GE -4;
#11 =#1 * COS[#2] +0.1 * #1 * #1 * SIN[#2] -10;
#12 =#1 * SIN[#2] -0.1 * #1 * #1 * COS[#2] +22.5;
G01  X[2 * #12]  Z[#11];
#1 =#1 -0.1;
ENDW;
G01  Z -24.3;
X48;
Z -30;
N2  G00  G40  X50  Z -32;
Z100;
M05;
M30;
```

3. 加工结果

加工结果如图 9-19 所示。

图 9-19 倾斜抛物线加工成品

9.2.3 倾斜双曲线

有零件如图 9-20 所示，主要轮廓是倾斜双曲线。

1. 数学分析

由图 9-20 得出双曲线方程为$\frac{Y^2}{A^2}-\frac{X^2}{B^2}=1$，A = 15、B = 10，坐标原点如图所示。设 X 为变量，则方程式为$\begin{pmatrix} X'=X \\ Y'=A\sqrt{1+X^2/B^2} \end{pmatrix}$（对旋转类零件只要加工

一半轮廓即可，所以此处 Y 取正值）。

2. 用 UG 软件绘制曲线

1）绘制位置正的双曲线　在 UG 表达式模块中，输入如表 9-8 所示的表达式。X 作为变量（即表格中的 U）从 12 到 -14 变化。

输入表达式后，用绘制规律曲线命令即可得图 9-21 所示图形。

2）旋转变换　图形要逆时针旋转 -30°，只要在表 9-8 中加入以下两行语句即可，如表 9-9 所示。

$$Xt_1 = Xt\cos\theta - Yt\sin\theta$$

$$Yt_1 = Xt\sin\theta + Yt\cos\theta$$

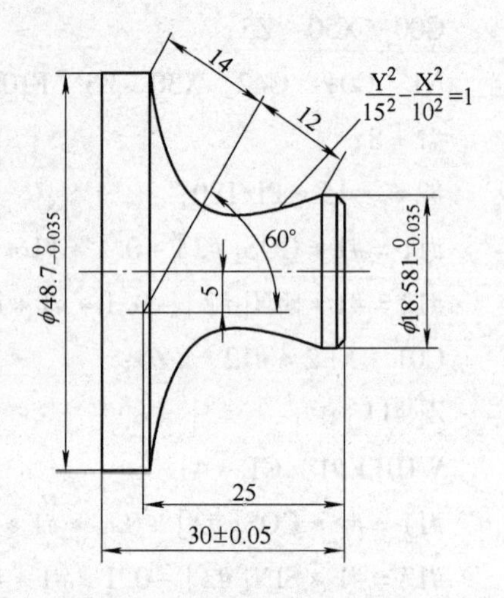

图 9-20　倾斜双曲线加工图样

表 9-8　正双曲线参数输入

工作表 在 Expression - xsqx.prt

	A	B	C
1	*Name*	*Formula*	*Value*
2	a	12	12
3	b	-14	-14
4	t	1	1
5	u	=(1-t)*a+t*b	-14
6	xt	=u	-14
7	yt	=15*sqrt(1+u*u/100)	25.80698

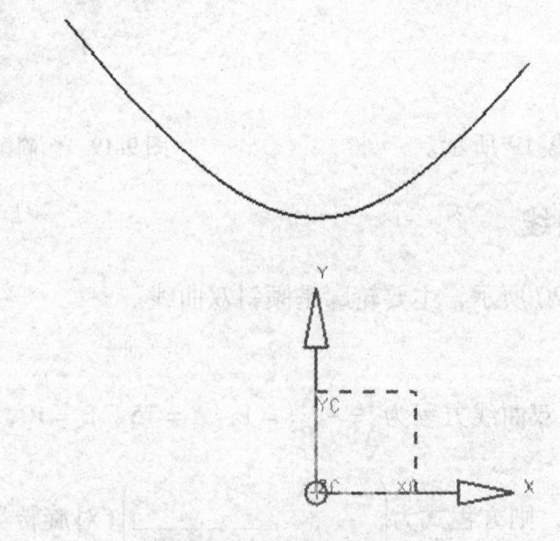

图 9-21　位置正的双曲线

表 9-9　旋转变换参数输入

工作表 在 Expression - xsqx.prt

	A	B	C
1	*Name*	*Formula*	*Value*
2	a	12	12
3	b	-14	-14
4	t	1	1
5	u	=(1-t)*a+t*b	-14
6	xt	=u	-14
7	_xt1	=xt*cos(-30)-yt*sin(-30)	0.779132
8	yt	=15*sqrt(1+u*u/100)	25.80698
9	_yt1	=xt*sin(-30)+yt*cos(-30)	29.3495

修改好表达式后，再一次用绘制规律曲线命令即可得图 9-22 所示图形。

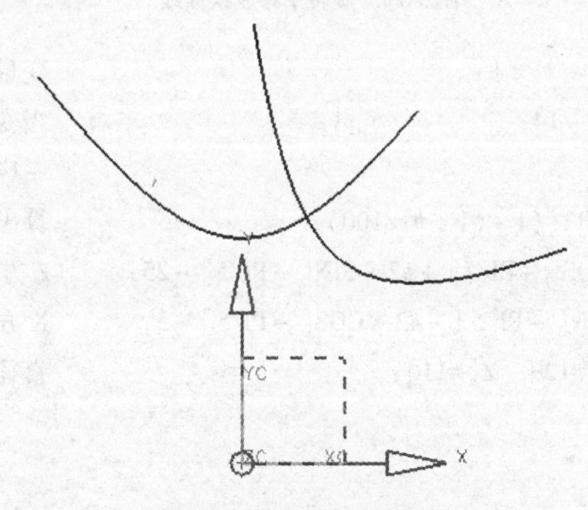

图 9-22　旋转变换曲线

3）平移变换。把图形平移 X 方向 -25、Y 方向 -5，修改表 9-9 结果为表 9-10所示，图 9-22 即变为图 9-23 所示。

表 9-10　平移参数输入

工作表 在 Expression - xsqx.prt

	A	B	C
1	*Name*	*Formula*	*Value*
2	a	12	12
3	b	-14	-14
4	t	1	1
5	u	=(1-t)*a+t*b	-14
6	xt	=u	-14
7	_xt1	=xt*cos(-30)-yt*sin(-30)-25	-24.2209
8	yt	=15*sqrt(1+u*u/100)	25.80698
9	_yt1	=xt*sin(-30)+yt*cos(-30)-5	24.3495

3. 编程

宏程序：

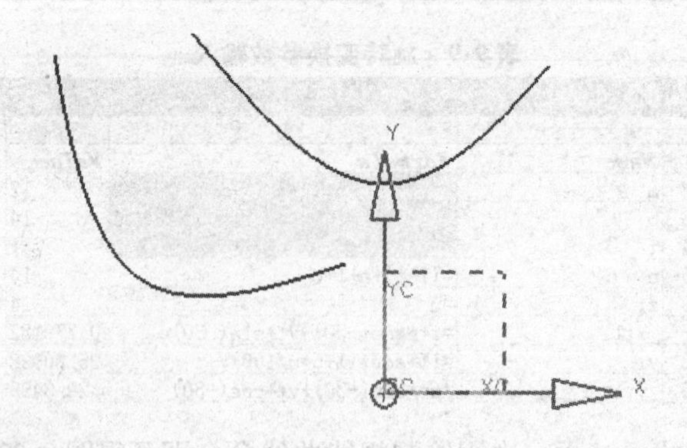

图 9-23　旋转平移变换曲线

```
#1 = 12;                                              变量初值
WHILE#1GE -14;                                        当变量值大于等于-14 时
#2 = 15 * SQRT (1 + #1 * #1/100);                     算出中间变量
#11 = #1 * COS[ -PI/5] + #2 * SIN[ -PI/5] -25;        Z 方向坐标
#12 = #1 * SIN[ -PI/5] - #2 * COS[ -PI/5] -5;         X 方向坐标
G01  X[2 * #12]  Z[#11];                              直径编程方式
#1 = #1 -0.1;
ENDW;
```

零件完整的加工程序（编程原点在工件右端面中心）：

```
O0001;
%0001;
G90;
M03  S1000;
T0101;
G00  X52  Z5;
G71  U2  R5  X0.5  Z0.1  P1  Q2  F120;
G00  X100;
Z100;
M05;
M00;
M03  S2000;
```

```
T0101;
G00  X52  Z5;
N1  G40  G00  X50  Z4;
G42  G00  X14.58  Z3;
G01  Z1  F120;
X18.58  Z-1  F120;
#1=12;
WHILE #1GE[-14];
#2=15SQRT[1+#1*#1/100];
#11=#1*COS[-PI/5]-#2*SIN[-PI/5]-25;
#12=#1*SIN[-PI/5]+#2*COS[-PI/5]-5;
G01  X[2*#12]  Z[#11]  F180;
#1=#1-0.1;
ENDW;
G01  Z-35;
X50;
N2  G40  G00  X52;
G00  X100;
Z100;
M05;
M30;
```

4. 加工结果

加工结果如图9-24所示。

图9-24　倾斜双曲线加工成品

9.3 倾斜正弦曲线宏程序编制

零件如图 8-3 所示，主要轮廓是倾斜正弦曲线。

1. 用 UG 软件绘制曲线

在 8.3 实例验证章节中，已详细介绍曲线的绘制。

2. 编程

宏程序：

```
#1 =53;                                                    #1 即起始 53
WHILE #1 GE[0];                                            条件表达式，当
                                                           大于终止 0 时
#2 =5 * SIN[0.08 * PI * #1 + PI/2];
#11 =#1 * SIN[355 * PI/180] + #2 * COS[355 * PI/180] +24;  计算 X 坐标值
#12 =#1 * COS[355 * PI/180] -#2 * SIN[355 * PI/180] -72;   计算 Z 坐标值
G01X[2 * [#11]]Z[#12];                                     刀具直线移动到
                                                           点 φ2X，Z 处，
                                                           直径编程方式
#1 =#1 -0.1;                                               增量 0.1mm
ENDW;                                                      循环语句结束语
```

零件完整的加工程序（编程原点在工件右端面中心）：

```
O0008;
%0008;
G90;
M03   S1000;
T0101;
G00   X58   Z5;
G71   U2   R5   P1   Q2   X0.5   Z0.3   F200;
G00   X100;
Z100;
M05;
M03   S1500;
T0101;
```

```
G00  X58  Z5;
N1  G00  X42  Z5;
G01  G42  X35  Z2  F120;
Z0;
X40  Z-2;
Z-13;
X45.02;
Z-18.88;
#1 = 53;                                                   #1 即起始 53
WHILE  #1  GE[0];                                          条件表达式，当大于终止 0 时
#2 = 5SIN[0.08PI * #1 + PI/2];                             中间变量
#11 = #1 * SIN[355PI/180] + #2 * COS[355PI/180] + 24;      计算 X 坐标值
#12 = #1 * COS[355PI/180] - #2 * SIN[355PI/180] - 72;      计算 Z 坐标值
G01X[2 * [#11]]Z[#12];                                     刀具直线移动到点 φ2X，Z 处，直径编程方式
#1 = #1 - 0.1;                                             增量 0.1
ENDW;                                                      循环语句结束语
G01Z-82;
G01  G40  X58  Z-85;
N2  G00  X58;
X100;
Z100;
M05;
M30;
```

3. 加工结果

加工结果如图 9-25 所示。

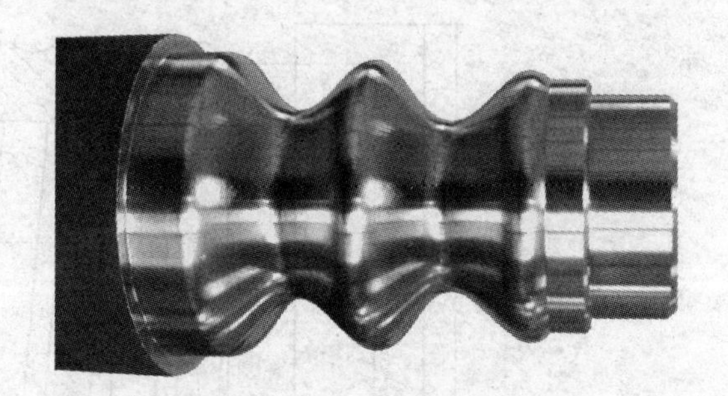

图 9-25　倾斜正弦曲线加工成品

9.4　螺纹加工

螺纹加工的类型包括：内（外）圆柱螺纹和圆锥螺纹、单头螺纹和多头

螺纹、恒螺距螺纹与变螺距螺纹。

华中数控系统提供螺纹加工指令有单行程螺纹切削指令 G32、螺纹切削复合循环指令 G75、螺纹切削固定循环指令 G82，没有提供如 FANUC 系统的变螺距螺纹切削指令 G34。当需要加工变导程螺纹时就有一定困难，另外车螺纹时大多是三角螺纹和梯形螺纹，用成形刀切出牙型，当槽形是椭圆槽或圆弧槽不用成形刀加工时，同样也会有一定困难。采用宏程序能解决上述两个难点。

9.4.1　椭圆槽螺纹

有零件如图 9-26 所示。

1. 数学分析

由图 9-26 得出椭圆方程为$\frac{X^2}{A^2}+\frac{Y^2}{B^2}=1$，A=4、B=3。设 X 为变量，则方程式为$\begin{pmatrix} X'=X \\ Y'=-B\sqrt{1-X^2/A^2} \end{pmatrix}$（对旋转类零件只要加工一半轮廓即可，所以此处 Y 取负值）。

2. 用 UG 软件绘制曲线

在 UG 表达式模块中，输入如表 9-11 所示的表达式。X 作为变量（即表格中的 U）从 4 到 -4 变化。

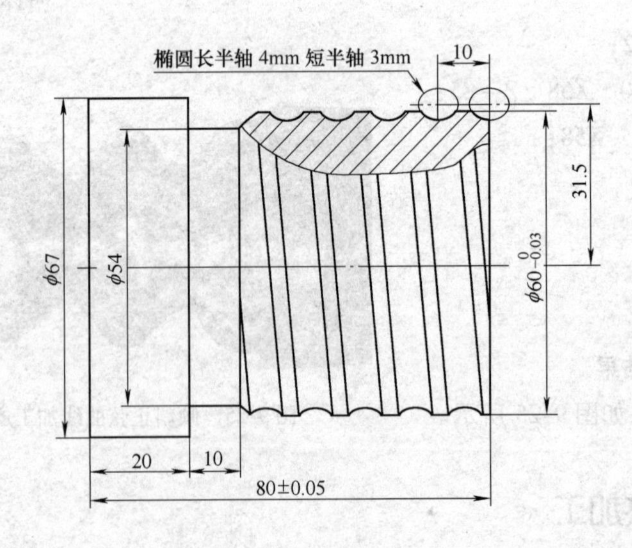

图 9-26　椭圆槽螺纹加工图样

表 9-11　正椭圆参数输入

工作表 在 Expression - tuoyuancao.prt

	A	B	C
1	Name	Formula	Value
2	a	4	4
3	b	-4	-4
4	t	1	1
5	u	=(1-t)*a+t*b	-4
6	xt	=u	-4
7	yt	=-3*sqrt(1-u*u/16)	-0

输入表达式后，用绘制规律曲线命令即可得图 9-27 所示图形。

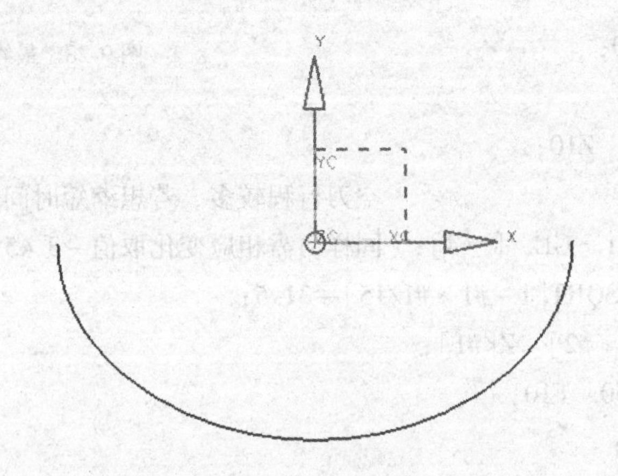

图 9-27　初始椭圆槽

3. 平移变换

根据式 8-1 进行平移变换，只要把表格 9-11 的参数略作修改，如表 9-12 所示，图形即往 Y 方向平移 31.5，如图 9-28 所示。

表 9-12　平移变换参数输入

工作表 在 Expression - tuoyuancao.prt

	A	B	C
1	Name	Formula	Value
2	a	4	4
3	b	-4	-4
4	t	1	1
5	u	=(1-t)*a+t*b	-4
6	xt	=u	-4
7	yt	=-3*sqrt(1-u*u/16)+31.5	31.5

4. 编程

根据前面章节讲的坐标系转换知识，把绘图采用的坐标与后置刀架机床坐标互换一下。这里只提供螺纹加工的程序，阶梯轴加工编程不介绍。

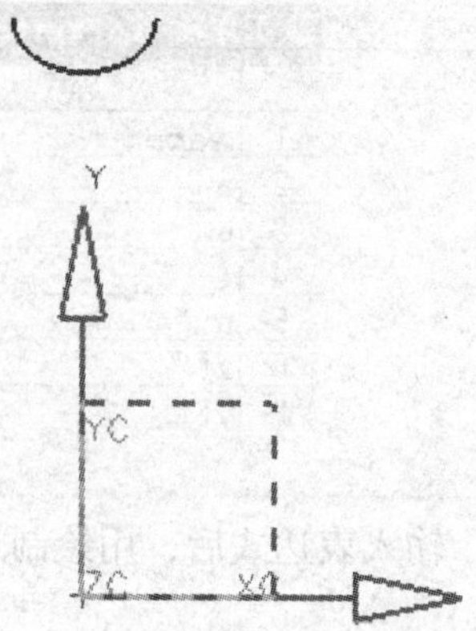

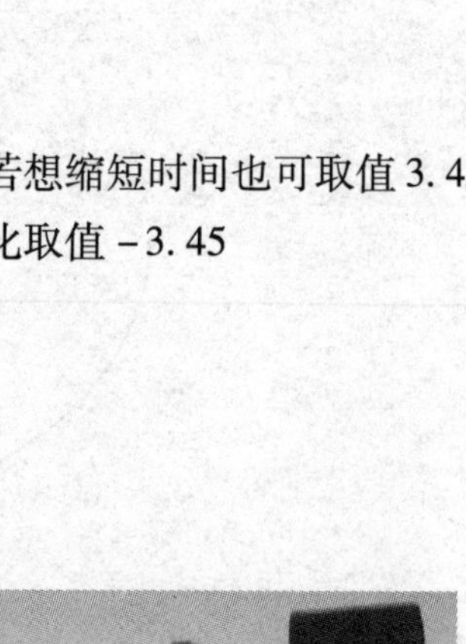

图 9-28　最终位置椭圆槽

螺纹加工程序（编程原点在工件右端面中心）：

```
O0001;
%0001;
G90;
M03  S500;
T0202;
G00  X70  Z10;
#1 =4;                      空刀行程较多、若想缩短时间也可取值 3.45
WHILE  #1  GE  [-4];        同样，需相应变化取值 -3.45
#2 = -3 * SQRT[1 - #1 * #1/15] +31.5;
G00  X[2 * #2]  Z[#1];
G32  Z -50  F10;
G00  X80;
Z10;
#1 = #1 - 0.02;
ENDW;
G00  X200;
Z100;
M05;
M30;
```

5. 加工结果

加工结果如图 9-29 所示。

图 9-29　椭圆槽螺纹加工成品

9.4.2　变导程螺纹

有零件如图 9-30 所示，编程关键是如何解决相邻两牙导程递增变化的问题。

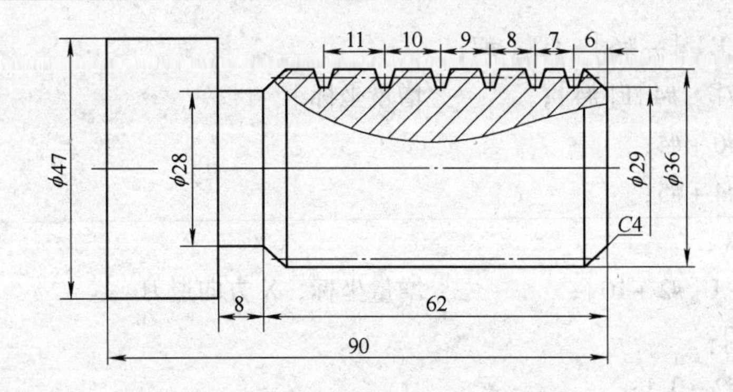

图 9-30　变导程螺纹加工图样

1. 数学分析

编程时，用后一个导程比前一个导程递增一个增量的条件循环语句来实现轴向切削，同时起刀点从螺纹大径处减小至小径处的条件循环来实现总切削深度的控制。另外梯形螺纹各基本参数计算时，选取基本导程为 6。

2. 编程

螺纹加工程序（编程原点在工件右端面中心）：

```
O1000;
%1000;
G90   M03   S200;
T0101;
G00   X100   Z100;
#1 = 12;                 螺纹加工轴向起点 Z12
#2 = 36;                 螺纹大径
#3 = 29;                 螺纹小径
G00X[#2]Z[#1];           起刀点
WHILE   #2   GT   #3;
#4 = 6;                  螺纹基本导程
#5 = 1;                  螺纹变距增量
#6 = 0;                  螺纹长度计算初始值
#7 = -63;                螺纹长度
G00X[#2];
G32Z0F[#4 - #5];
```

```
WHILE  [-#6]  GT  #7;
G32W[-#4]F[#4];            增量坐标
#6=#6+#4;
#4=#4+#5;
ENDW;
G00  U[#2+10];             增量坐标，X 方向退刀
Z[#1];
#2=#2-0.1;
ENDW;
G00  X100  Z100;
M05;
M30;
```

3. 加工结果

加工结果如图 9-31 所示。

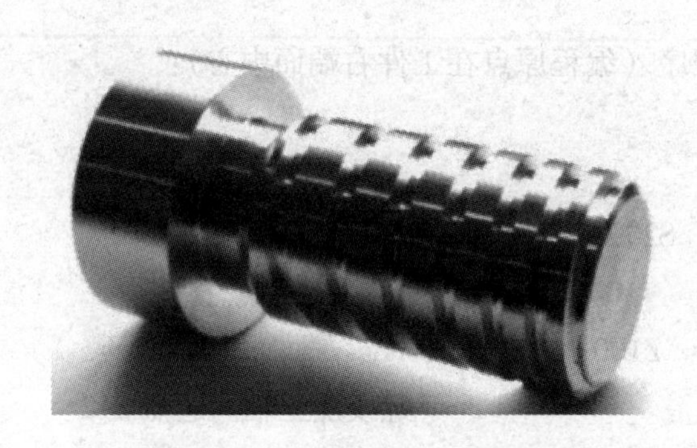

图 9-31　变导程螺纹加工成品

课后习题

1. 零件如图 9-32 所示，请用宏程序编制图中椭圆部分宏程序的精车程序段。

2. 用宏程序编制如图 9-33 所示的玩具喇叭凸模曲线的精加工程序。

3. 如图 9-34 所示零件，毛坯尺寸为 ϕ35mm×100mm，材料为 45 钢，采用手工编程方法进行编程，写出程序并完成仿真加工。

4. 如图 9-35 所示零件，毛坯尺寸为 ϕ50mm×150mm，材料为 45#，采用手工编程方法进行编程，写出程序并完成仿真加工。

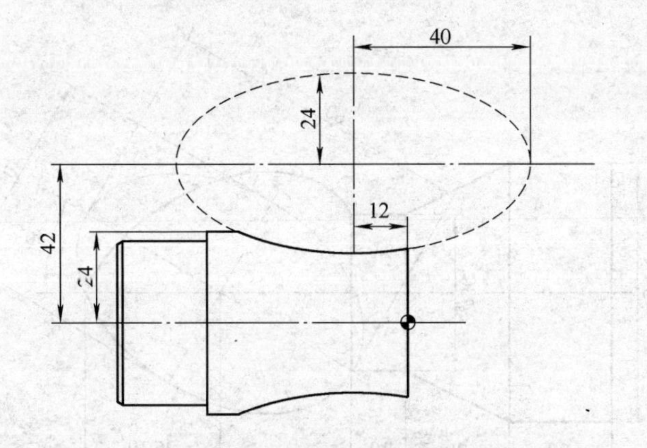

图9-32　椭圆轮廓加工

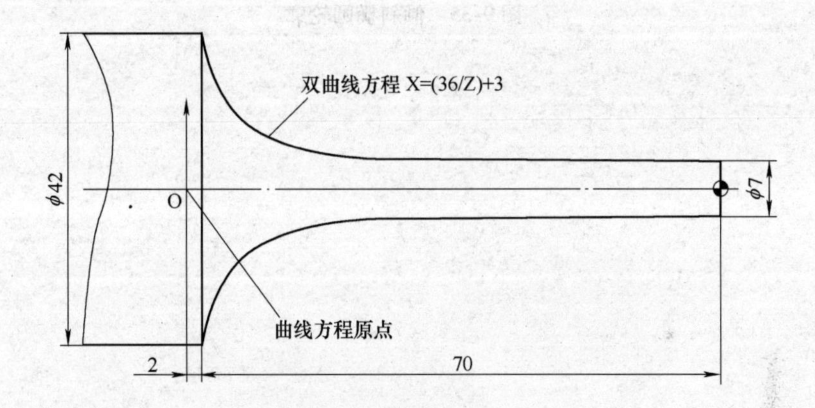

图9-33　玩具喇叭凸模

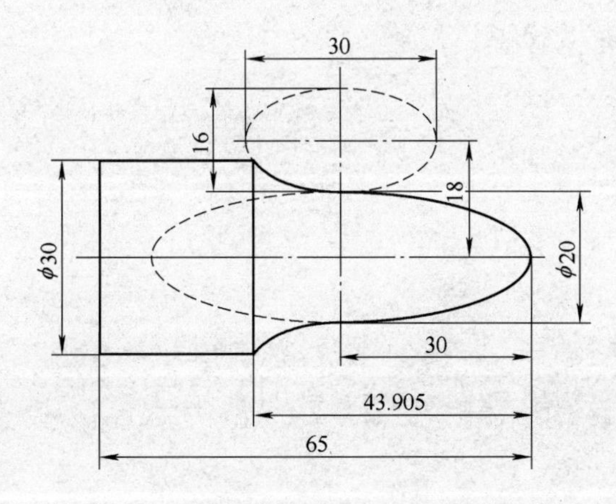

图9-34　椭圆轮廓加工

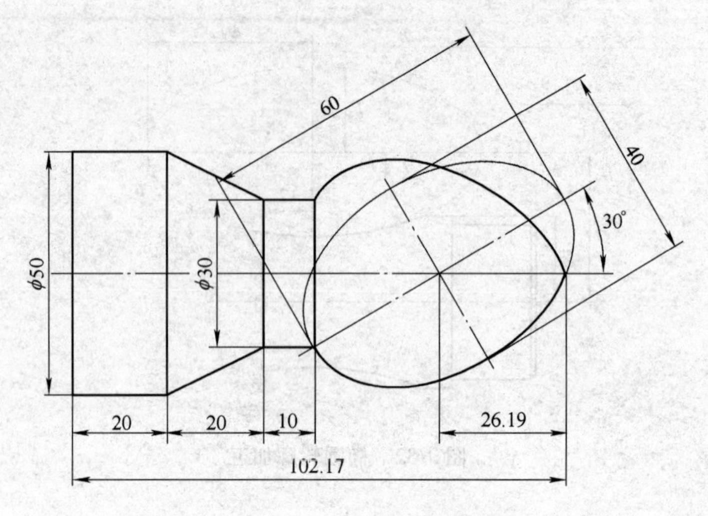

图 9-35 倾斜椭圆轮廓

第 10 章　数控铣床宏程序编制入门

在我国，有相当比例的数控铣床（包括加工中心）应用在模具行业，从大厂到模具作坊都可见应用 CAD /CAM 软件的身影，自动编程几乎要一统天下，手工编程、宏程序应用的空间日趋缩小，究其原因就是大家对手工编程不重视，对宏程序不熟悉。其实手工编程是自动编程的基础，宏程序是手工编程的高级形式，是手工编程的精髓，也是手工编程的最大亮点和最后堡垒。编制简洁合理的数控宏程序，既能锻炼从业人员的编程能力，又能解决自动编程在生产实际工作中存在的不足。

HNC-21M 为用户配备了强有力的类似于高级语言的宏程序功能，用户可以使用变量进行算术运算、逻辑运算和函数混合运算，此外宏程序还提供了循环语句、分支语句和子程序调用语句，利于编制各种规则的曲面加工宏程序。

在这里首先介绍华中数控铣床特有的“#101”刀具半径补偿变量功能。

应用华中系统数控铣床特有的#101 刀具半径补偿变量功能，对一些复杂形状的内外轮廓倒圆角、倒角加工，编程得以简化，且易于理解。

华中系统的刀具半径补偿变量功能格式：

#101 = ________;

G17　G41　（G42）　G01　X __　Y __　D101；（在 G18、G19 平面同样适用）

该功能所执行的刀具半径补偿是按#101 变量值计算执行的。但要注意，最初设定的刀具半径补偿值仍然是所选的刀具半径，即在 D01 的地址中设定所选刀具的半径值。

10.1　多棱台宏程序编制

棱锥的底面和平行于底面的一个截面间的部分，叫做棱台。由三棱锥、四棱锥、五棱锥……截得的棱台，分别叫做三棱台、四棱台、五棱台……。由正棱锥截得的棱台叫做正棱台。选用正四棱台与正六棱台为例介绍多棱台加工宏程序编程。

10.1.1　四棱台宏程序编制

[例 10-1]　有零件图如图 10-1 所示，毛坯为 80mm × 50mm × 30mm（光坯）。

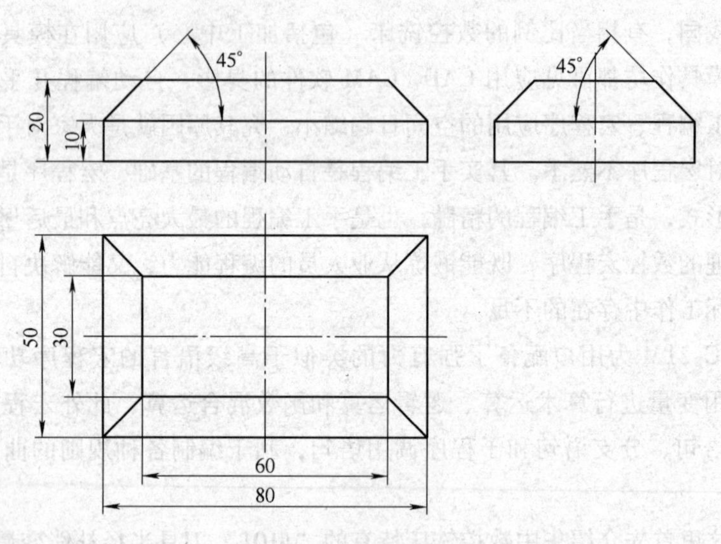

图 10-1　四棱台加工图样

1. 数学分析

用 ϕ16 镶片刀由上到下分层加工，走刀轨迹一直是 60mm × 30mm 矩形，运用“#101”刀具半径补偿变量功能。每下一层，刀具半径增加一个增量，沿圆弧切入切出。

如图 10-2 所示，#1 为下刀深度，#101 为刀具半径补偿值，两者关系是：

$$\#101 = \frac{\#1}{\tan\theta} \qquad (10\text{-}1)$$

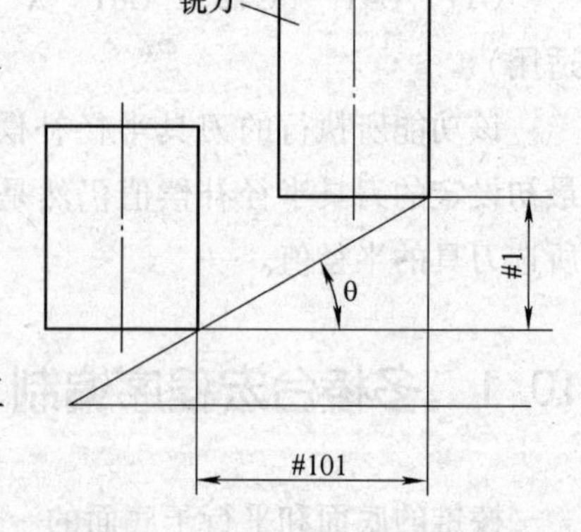

图 10-2　#101 刀具半径补偿值确定

2. 编程

零件完整的加工程序（编程原点在工件上表面矩形中心处）：

```
O0581;
%0581;
G90  G54  G69  G40  G00  X0  Y0  Z100;
```

```
M03  S1000;
G00  X0  Y-50;                              起刀点
Z10;
#1 =0;
#2 = PI/4;                                  倾斜角度
WHILE  #1  LE  10;
#101 = #1/tan[#2] +8;                       变化量+刀具半径值
G01Z[ -#1]F60;                              下刀深度
G01  G41  X25  Y-50  D101  F200;            刀补建立
G03  X0  Y-15  R25;                         圆弧切入
G01  X-30;
Y15;
X30;
Y-15;
X0;
G03  X-25  Y-50  R25;                       圆弧切出
G01  G40  X0  Y-50;                         刀具半径补偿取消，回到起刀点
#1 = #1 +0.2;
ENDW;
G00  Z100;
X0  Y0;
M05;
M30;
```

3. 加工结果

仿真结果如图 10-3 所示。

10.1.2 六棱台宏程序编制

［例 10-2］ 有零件图如图 10-4 所示，毛坯为 100mm×100mm×20mm（光坯）。

1. 数学分析

用 ϕ16 镶片刀由上到下分层加工，走刀轨迹一直是大六边形，运用“#101”刀具半径补偿变量功能。每下一层，刀具半径增加一个增量。因为倾

图 10-3　四棱台加工成品

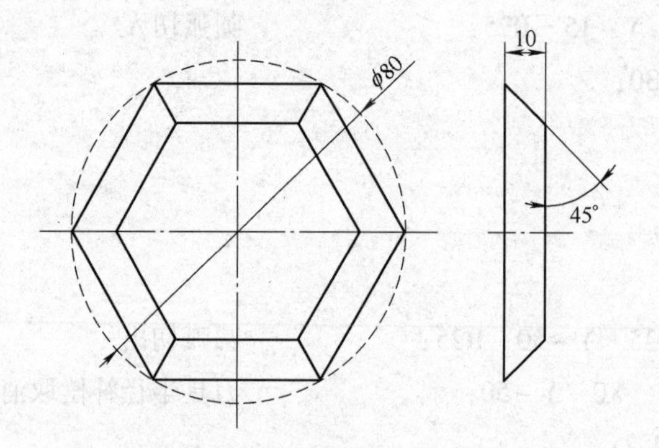

图 10-4　六棱台加工图样

斜角度为 45°，增量刚好等于下刀深度。

编程轨迹如图 10-5 所示。

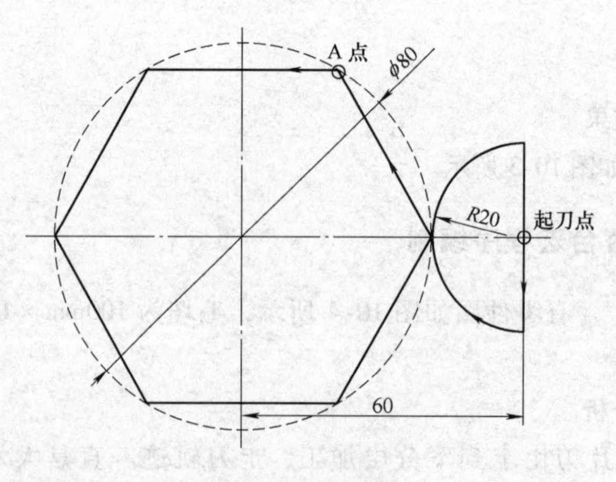

图 10-5　编程轨迹

2. 编程

零件完整的加工程序（编程原点在工件上表面六边形中心处）：

```
O0593;
%0593;
G90   G54   G40   G69   G00   X0   Y0   Z100   M03   S3000;
G00   Z10   M08;
X60   Y0;                         起刀点
#1 =0;                            下刀深度
#3 =40SIN[PI/3];                  A 点 Y 坐标
#4 =40COS[PI/3];                  A 点 X 坐标，其他点与该点有对称关系
WHILE#1LE10;
#101 =8 -10 +#1;                  刀具直径/2 -10 +#1
G01Z[ -#1]F100;
G42   G01   X60   Y -20   D101   F200;
G02   X40   Y0   R20;
G01   X[#4]   Y[#3];
X[ -#4];
X -40   Y0;
X[ -#4]Y[ -#3];
X[#4];
X40   Y0;
G02   X60   Y20   R20;
G00   G40   X60   Y0;
#1 =#1 +0.1;
ENDW;
G00   Z100   M09;
X0   Y0;
M05;
M30;
```

3. 加工结果

仿真结果如图 10-6 所示。

图 10-6 六棱台加工成品

10.2 倒角类零件宏程序编制

10.2.1 固定圆角四棱槽宏程序编制

[例 10-3] 有零件如图 10-7 所示，毛坯为 100mm×70mm×10mm（光坯）。

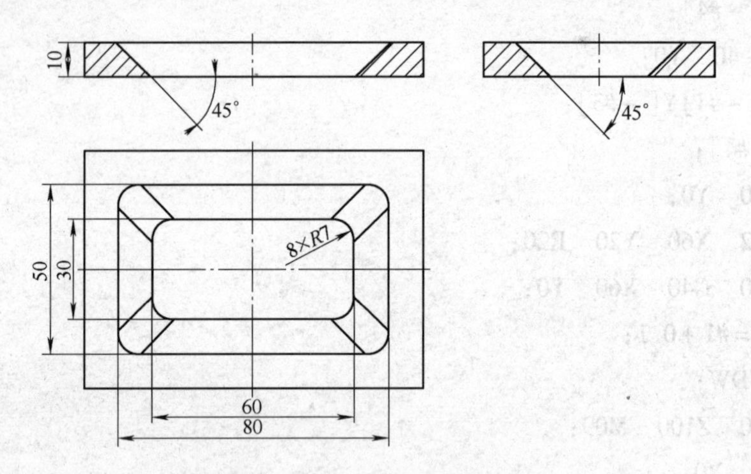

图 10-7 固定圆角四棱槽加工图样

1. 数学分析

编写宏程序采用由上向下分层切，因为倾斜角度为 45°，所以深度变化与长度变化一致。选用 ϕ10mm 的键槽铣刀，注意刀具半径补偿寄存器设置半径为 5mm。编程轨迹如图 10-8 所示。

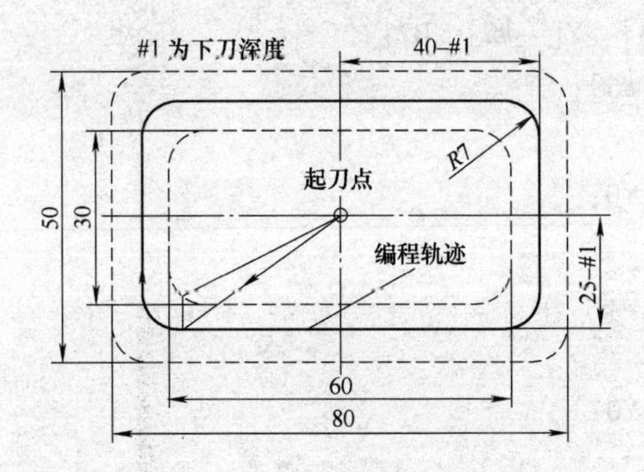

图 10-8　编程轨迹

2. 编程

零件完整的加工程序（编程原点在工件上表面中心处）：

```
O5902;
%5902;
G90  G54  G40  G69  G00  X0  Y0  Z100  M03  S3000;
M03  S1000;
#1 =0;
WHILE #1 LE 10;
#4 =40 -#1;
#5 =25 -#1;
#6 =#4 -7;
#7 =#5 -7;
G00  X0  Y0;
Z5;
G01  Z[ -#1]  F200;
G42  G01  X[ -#6]  Y[ -#5]  D01  F300;
G02  X[ -#4]  Y[ -#7]  R7;
G01  Y[#7];
G02  X[ -#6]  Y[#5]  R7;
G01  X[#6];
G02  X[#4]  Y[#7]  R7;
G01  Y[ -#7];
```

```
G02  X[#6]  Y[-#5]  R7;
G01  X[-#6];
Y-14;
G40  X0  Y0;
G00  Z5;
#1=#1+0.2;
ENDW;
G00  X0  Y0;
Z100;
M05;
M30;
```

3. 加工结果

仿真结果如图10-9所示。

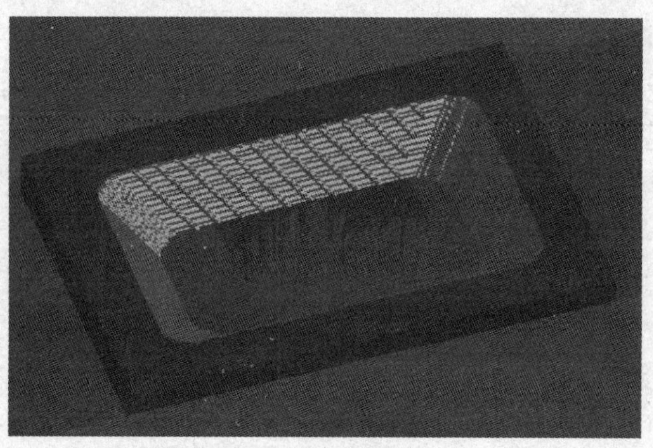

图10-9　固定圆角四棱槽加工成品

10.2.2　变圆角宏程序编制

［**例10-4**］　有零件如图10-10所示，毛坯为80mm×50mm×20mm（光坯）。

1. 数学分析

这是四周圆角过渡的长方体，假设用水平面从上到下一层层切，切出来的是有圆角的矩形轮廓，而圆角半径从*R*0至*R*10变化，如图10-11所示。若选中图示最外圈轮廓，应用AutoCAD 2006软件中的偏移指令往里偏0～10也会产生这样的效果。

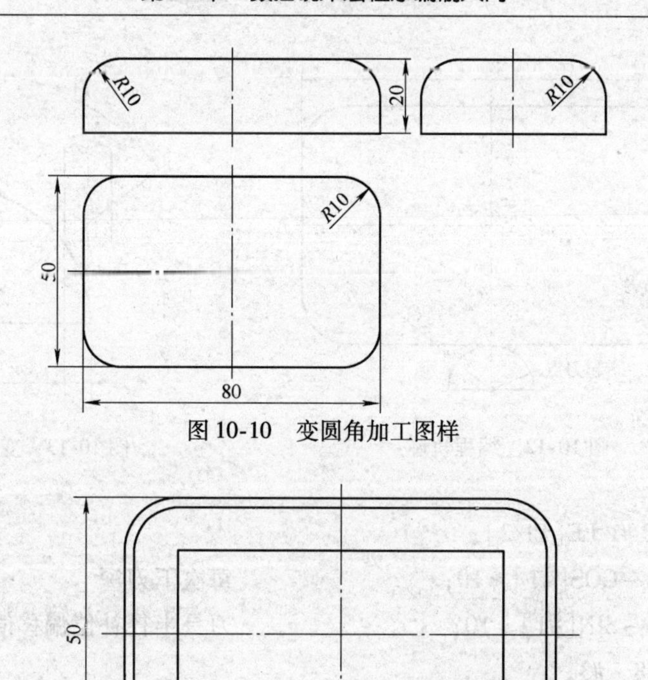

图 10-10　变圆角加工图样

图 10-11　不同圆角的矩形轮廓

用 $\phi16$ 镶片刀由上到下分层加工，走刀轨迹一直是大轮廓倒圆角，如图 10-12所示，再运用“#101”刀具半径补偿变量功能，就能把零件加工出来。

如图 10-13 所示，#1 是角度变量，从 0°～90°变化，圆弧半径是 *R*10，因而下刀深#2 和偏移值#3 的值就不难确定。

2. 编程

零件完整的加工程序（编程原点在工件上表面中心处）：

```
O0605；
%0605；
G90   G54   G00   X0   Y0   Z100   M03   S3000；
X0   Y－35；
Z10   M08；
#1＝0；                                        角度变量
```

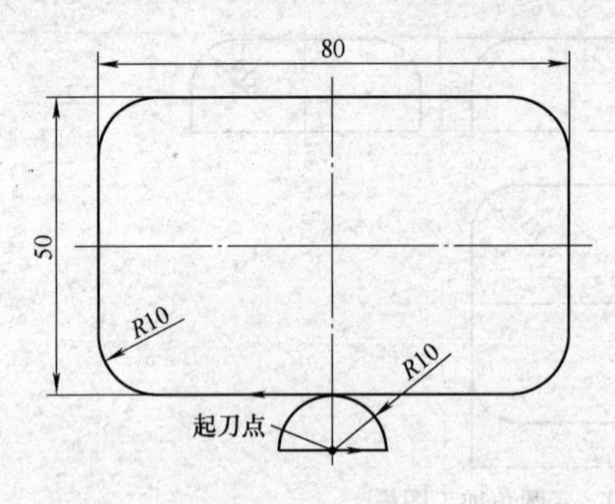

图 10-12 编程轨迹

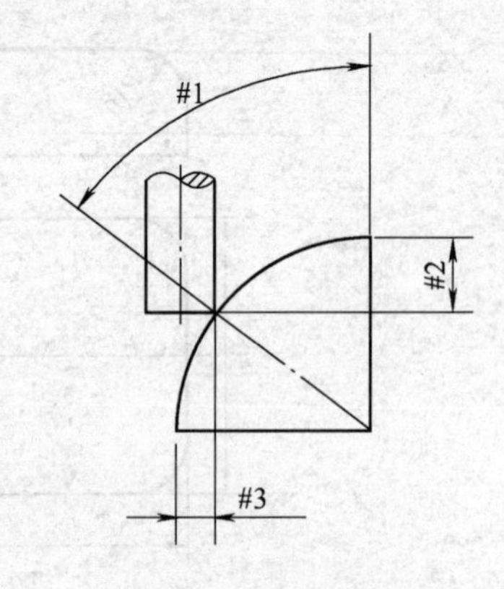

图 10-13 变量模型

```
WHILE #1 LE[PI/2];
#2 =10 - COS[#1] * 10;                    每次下刀深
#3 =10 - SIN[#1] * 10;                    刀具半径补偿偏移值
#101 =8 - #3;
G1   Z[ - #2]   F1000;
G41   X10   D101   F3000;
G03   X0   Y - 25   R10;
G01   X - 30;
G02   X - 40   Y - 15   R10;
G01   Y15;
G02   X - 30   Y25   R10;
G01   X30;
G02   X40   Y15   R10;
G01   Y - 15;
G02   X30   Y - 25   R10;
G01   X0;
G03   X - 10   Y - 35   R10;
G01   G40   X0   Y - 35;
#1 = #1 + PI/90;
ENDW;
G0   Z5   M9;
G00   Z100;
```

X0　Y0;

M05;

M30;

3. 加工结果

仿真结果如图10-14所示。

图10-14　变圆角加工成品

10.2.3　固定倒角宏程序编制

［**例10-5**］　有一零件如图10-15所示，毛坯为80mm×80mm×30mm（光坯）。假设其余加工部位都已完成加工，只针对倒角部位进行零件加工编程。

1. 数学分析

用ϕ16镶片刀由上到下分层加工，编程轨迹一直是ϕ60圆，如图10-16所示。

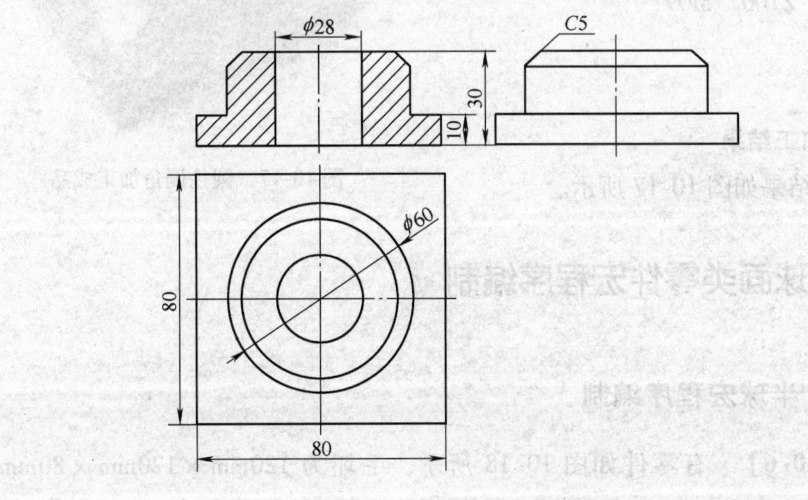

图10-15　圆柱倒角加工图样

2. 编程

倒角部位加工程序（上表面圆心处是工件坐标系原点）：

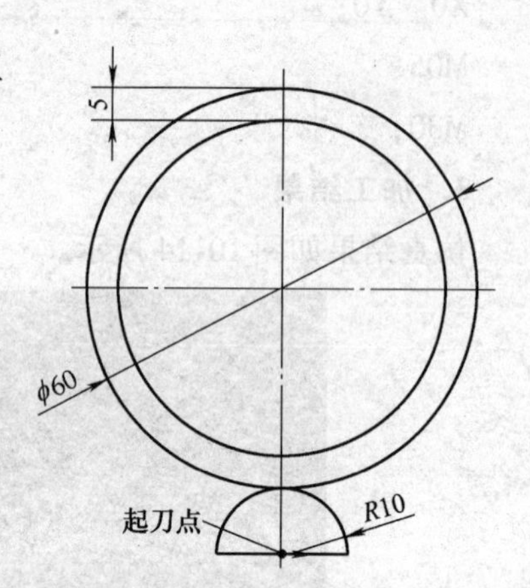

图 10-16　编程轨迹

```
O0003;
%0003;
G90  G54  G40  G69  M03  S1300;
G00  Z100;
X0  Y-40;
Z10  M08;
#1=0;                      下刀深度
WHILE#1LE5;
#101=D-5+#1;               此处 D 即是刀具半径
G01  Z[-#1]8  F30;
G41  X10  D101  F200;
G03  X0  Y-30  R10;
G02  J30;
G03  X-10  Y-40  R10;
G01  G40  X0;
#1=#1+0.2;
ENDW;
G00  Z100  M09;
M05;
M30;
```

3. 加工结果

加工结果如图 10-17 所示。

图 10-17　圆柱倒角加工成品

10.3　球面类零件宏程序编制

10.3.1　半球宏程序编制

[**例 10-6**]　有零件如图 10-18 所示，毛坯为 120mm × 120mm × 80mm（光坯）。

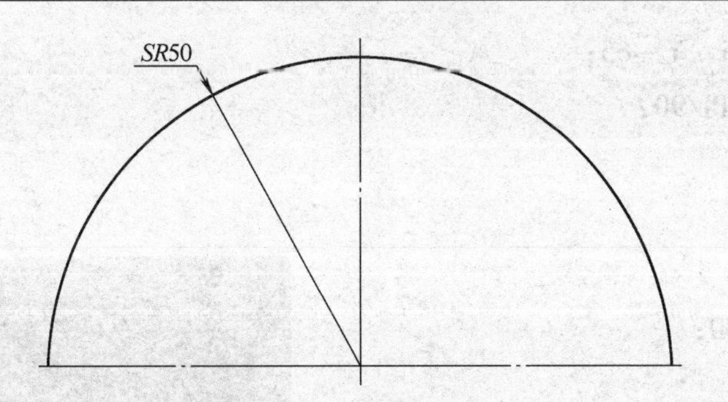

图 10-18　半球加工图样

1. 数学分析

从上到下一层层环切，选用角度作变量如图 10-19 所示，针对某一角度变量，根据模型能方便地求出下刀深及圆弧半径。

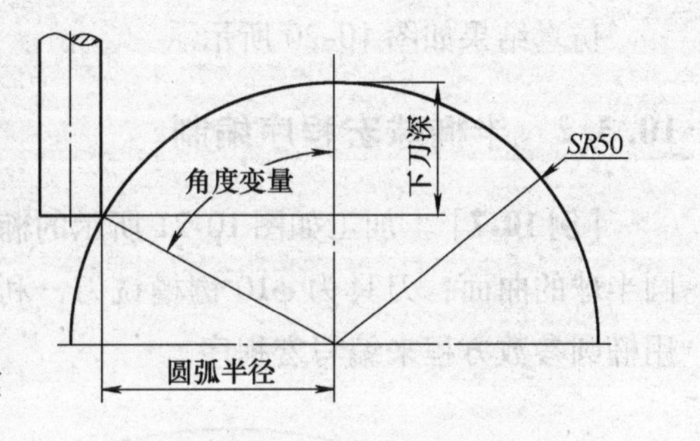

图 10-19　半球变量模型

2. 编程

粗加工程序（刀具直径 $\phi12$ 键槽铣刀）：

```
O0594;
%0594;
G90   G54   G00   X0   Y0   Z100   M03   S3000;
X65   Y-65;
Z10   M08;
#1=PI/180;                                  角度变量初值,初值不能为0
WHILE #1   LE[PI/2];
#2=50-50COS[#1];                            下刀深
#3=50SIN[#1];                               走圆半径
#4=#3+2;
G1   Z[-#2]   F1000;
G42   G01   X[#3]   Y0   D01   F3000;       D01值即是所选刀具半径值
G03   X[#3]   Y0   I[-#3];
G01   Y[#4];
G40   X[#4]   Y65;
```

```
G00   X65   Y-65;
#1=#1+PI/90;
ENDW;
G00   Z5;
X0   Y0;
G00   Z100;
M09;
M30;
```

3. 加工结果

仿真结果如图10-20所示。

图10-20 半球加工成品

10.3.2 半椭球宏程序编制

[例10-7] 加工如图10-21所示的椭圆半球的曲面，刀具为ϕ10键槽铣刀，利用椭圆参数方程来编写宏程序。

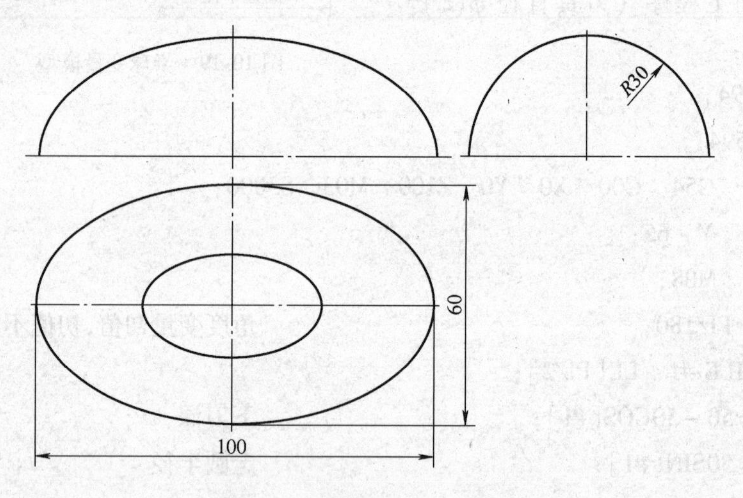

图10-21 椭圆半球加工图样

1. 数学分析

这是一个椭圆球，假设用水平面从上到下层切，切出来的是一个个椭圆。只要找到下刀深度与椭圆长、短轴的关系，就能方便地编程，它们之间的关系如图10-22所示。

图10-22所示主视图是一个椭圆，长半轴为50，短半轴为30，当#1（转

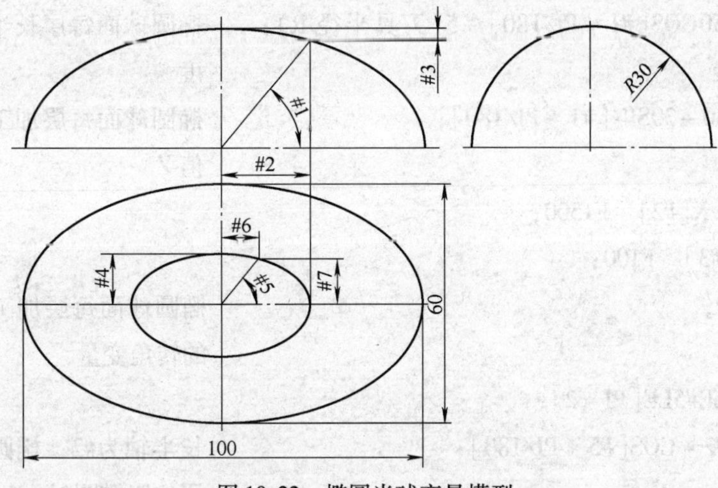

图10-22　椭圆半球变量模型

角变量）取某值后，根据椭圆参数方程得：

#2 =50COS（#1），#3 =30 -30SIN（#1）

说明：根据章节7.2分析，大家知道转角变量与圆心角是不同的两个角，为分析方便，在此处我们暂且认为是一样。

图10-22所示俯视图中虚线所表示的椭圆，即编程轨迹，其中长半轴即为#2，而短半轴#4 =#2 *（3/5）。此处#5是转角变量。当#5从0°~360°变化时，就能得到图示虚线所示椭圆。

由于加工椭圆时采用小直线段逼近方法加工，所以加工时，转角变量增量赋值不应过大，增量角越小，加工出来曲率越逼真。

2. 编程

加工程序（编程原点在光坯上表面中心）：

```
O0001;
%0001;
G90  G54  G40  G69  G64  M03  S3000;
G00  Z100;
X0  Y0;
Z10  M8;
#1 = PI/2;                        椭圆球面加工每层的转角
                                  变量
WHILE#1GE0;
```

```
#2 = 50COS[#1 * PI/180] + 5(刀具半径 R);      椭圆球面每层长半轴的长度
#3 = 30 - 30SIN[#1 * PI/180];                椭圆球面每层加工的深度值 Z
G01  X[#2]  F1500;
Z[-#3]  F100;
#5 = 0;                                      椭圆球面每层加工椭圆时的转角变量
WHILE#5LE[PI * 2];
#6 = #2 * COS[#5 * PI/180];                  长半轴为#2  椭圆球面每层加工椭圆时, X 坐标
#7 = #4 * SIN[#5 * PI/180];                  短半轴为#4  椭圆球面每层加工椭圆时, Y 坐标
G01  X[#6]  Y[#7]  F1500;
#5 = #5 + 1;
ENDW;
#1 = #1 - 0.5;
ENDW;
G00  Z150  M9;
M30;
```

3. 加工结果

加工结果如图 10-23 所示。

图 10-23 椭圆半球加工成品

课后习题

1. 编程加工图10-24所示的零件，材质为45钢、毛坯尺寸为65mm×45mm×15mm。

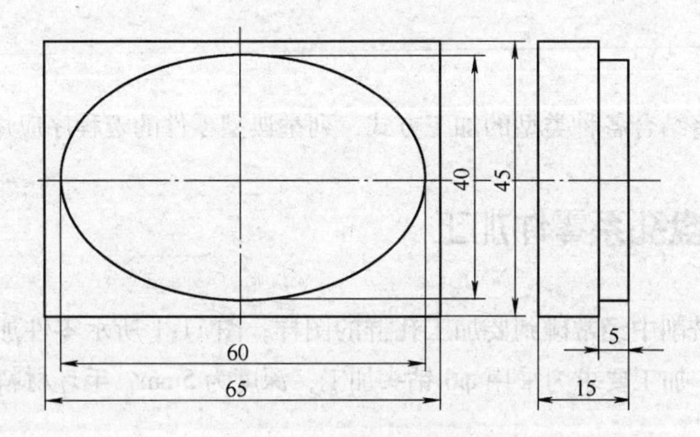

图10-24　椭圆轮廓铣削

2. 编程加工图10-25所示零件，材质为45钢、毛坯尺寸为ϕ60mm×35mm。
3. 编程加工图10-26所示孔口倒角，材质为45钢、毛坯尺寸为130mm×130mm×15mm。

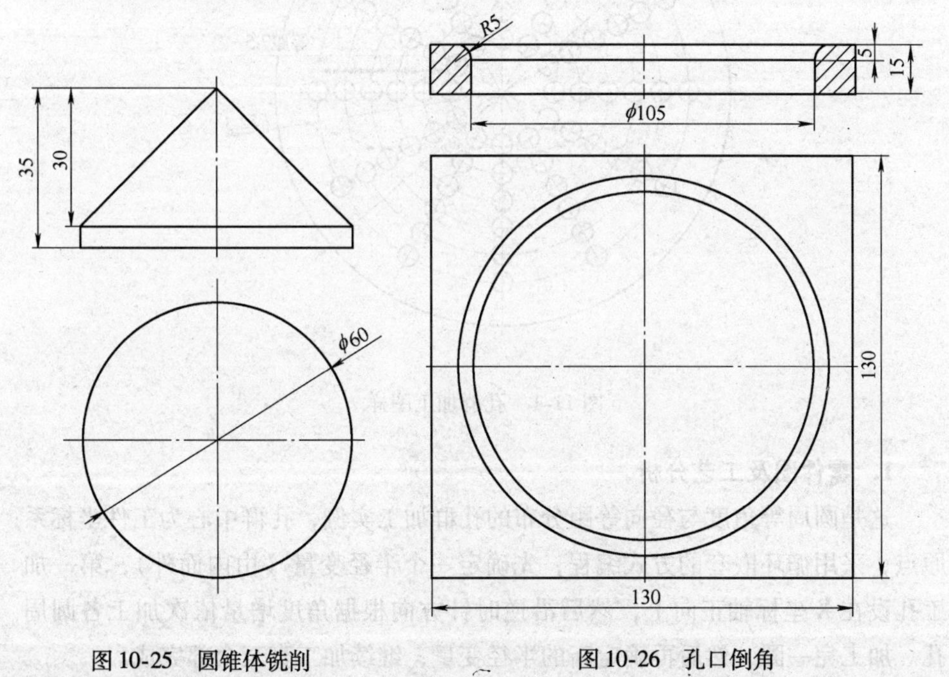

图10-25　圆锥体铣削　　　　图10-26　孔口倒角

第 11 章　数控铣床宏程序应用实例

在本章将结合各种类型的加工方式，列举典型零件的宏程序应用实例。

11.1　圆盘孔系零件加工

在数控铣削中经常碰到要加工孔群的图样，图 11-1 所示零件加工图样即是其中的一种，加工要求为采用 $\phi6$ 钻头加工，深度为 5mm，毛坯材料为铝合金。

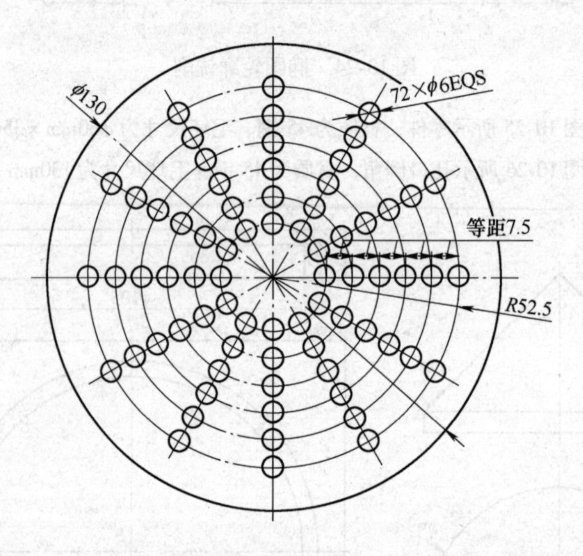

图 11-1　孔群加工图样

1. 零件图及工艺分析

这是圆周等角度与径向等距分布的孔群加工实例，孔群中心为工件坐标系原点，采用循环嵌套的方式编程，先确定一个半径变量（由内而外），第一加工孔设在 X 坐标轴正向上，然后沿逆时针方向根据角度增量依次加工各圆周孔。加工完一圈，然后再确定新的半径变量，继续加工直至全部完成。

2. 编程

加工程序：

```
O0001;
%0001;
G90  G54  G40  G69  M03  S1000;
G00  Z100;
X0  Y0;
Z10  M08;
#1 =15;                                        起始圆的半径
WHILE#1  LE52.5;
G00  X[#1]  Y0;
#2 =0;                                         钻孔时的初始角度
WHILE#2  LT360;
#3 = COS[#2 * PI/180] * #1;                    每次钻孔时, X 坐标值
#4 = SIN[#2 * PI/180] * #1;                    每次钻孔时, Y 坐标值
G98  G81  X[#3]  Y[#4]  Z-15  R5  F50;
G80;
#2 = #2 +30;                                   每次钻孔角度增量 30°
ENDW;
#1 = #1 +7.5;                                  相邻分布半径等距增量 7.5
ENDW;
G00  Z150;
M09;
M30;
```

3. 加工结果

加工结果如图 11-2 所示。

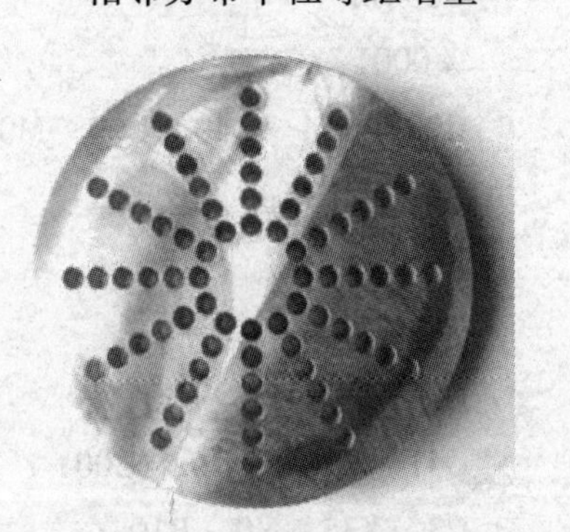

图 11-2　孔群加工成品

11.2　变圆角加工

有零件如图 11-3 所示，要铣削加工长轴为 70、短轴为 50 的椭圆柱，其倒圆半径为 5。

1. 零件图及工艺分析

主要分两个阶段进行加工，首先用 $\phi16$ 镶片刀加工长轴为 70、短轴为 50 的椭圆柱，深度为 10。再进行 R5 圆角加工，采用上下变半径及#101 功能编

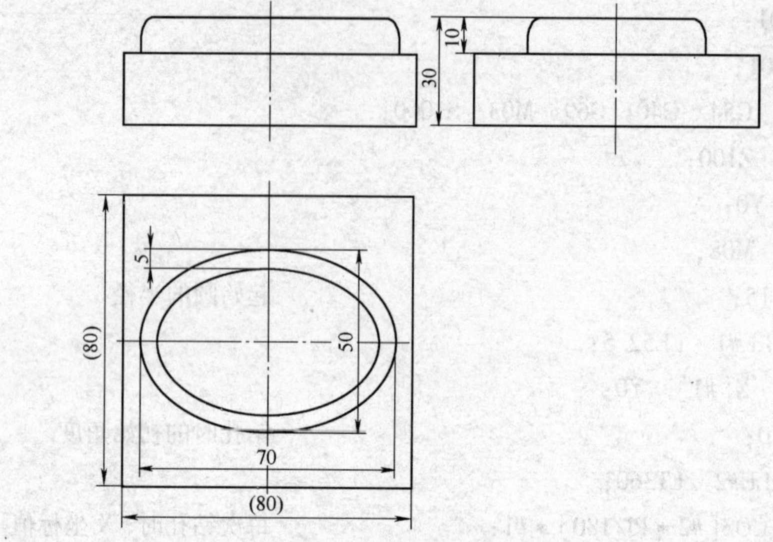

图 11-3 椭圆柱加工图样

程加工，具体情况参考章节 10.2.2 变圆角宏程序编制的相关内容。走刀路线为一椭圆。

2. 编程

椭圆柱加工程序（编程原点在工件上表面中心处）：

```
O0001;
%0001;
G90 G54 G40 G69 M03 S1300;
G00 Z100;
X45 Y0;
Z10 M08;
G01 Z-9.8 F30;
G41 Y10 D01 F200;
G3 X35 Y0 R10;
#1=359;
WHILE#1 GE0;
#2=COS[#1*PI/180]*35;
#3=SIN[#1*PI/180]*25;
G1 X[#2] Y[#3] F200;
#1=#1+1;
```

```
ENDW;
G3  X45  Y-10  R10;
G1  G40  Y0;
G00  Z100  M09;
M05;
M30;
```

倒圆角 R5 部位加工程序（编程原点在工件上表面中心处）:

```
O0002;
%0002;
G90  G54  G40  G69  M03  S1300;
G00  Z100;
X45  Y0;
Z10  M08;
#10=0;
WHILE#10  LE90;
#101=D-R+SIN[#10*PI/180]*R;     D 刀具半径、R 圆角半径
#11=R-COS[#10*PI/180]*R;        切削深度
G01  Z[-#11];
G41  Y10  D101200;
G3  X35  Y0  R10;
#1=359;
WHILE#1  GE0;
#2=COS[#1*PI/180]*35;
#3=SIN[#1*PI/180]*25;
G1X[#2]Y[#3]F200;
#1=#1+1;
ENDW;
G3  X45  Y-10  R10;
G1  G40  Y0;
#1=#1+1;
ENDW;
G00  Z100  M09;
```

```
M05;
M30;
```

3. 加工结果

加工结果如图 11-4 所示。

图 11-4　椭圆柱加工成品

11.3　扭转曲面加工

有一零件图如图 11-5 所示，根据形状称其为扭转曲面。

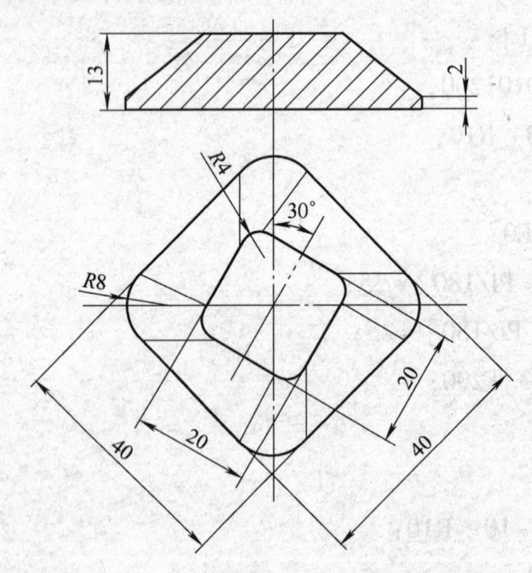

图 11-5　扭转曲面加工图样

1. 零件图及工艺分析

仔细分析零件加工图样，不难发现扭转曲面上表面轮廓与下表面轮廓是根据图11-6演变而成，因而编程思路为采用旋转指令及变半径功能进行编程。

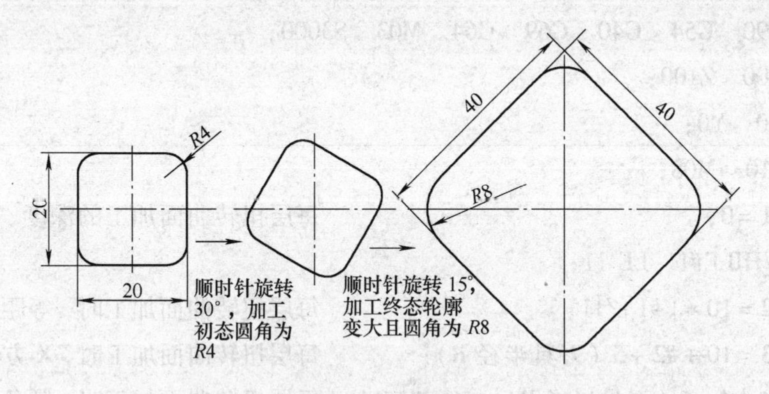

图11-6　变化规律

刀具选用$\phi10$的立铣刀。加工路线由上到下加工，假若加工深度为#1，其初值为0，终值为11。在这里扭转角度、圆角变化、轮廓等距均取线性变化，那么，角度增量为15 * #1/11、圆角半径增量4 * #1/11、轮廓等距增量10 * #1/11。

编程时，初始的刀具中心轨迹如图11-7所示的中心线，再进行旋转及串联偏移即得到实际刀具中心轨迹。

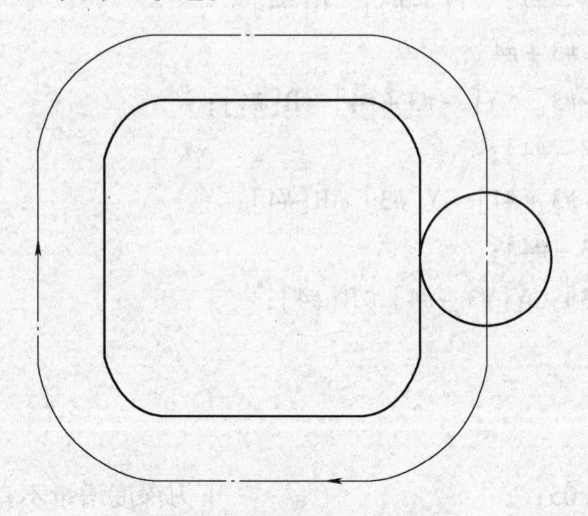

图11-7　初始刀具中心轨迹

2. 编程

完整加工程序（编程原点在工件上表面中心处）：

O0001;

```
%0001;
G90  G54  G40  G69  G64  M03  S3000;
G00  Z100;
X0  Y0;
Z10  M08;
#1 =0;                                  每层扭转曲面加工的深度
WHILE#1  LE 11;
#2 =10 * [#1]/11;                       每层扭转曲面加工时，等距的增量
#3 =10 +#2 +5（刀具半径 R）;            每层扭转曲面加工时，X 方向的值
#4 =4 +5（刀具半径 R） +4 * #1/11;      每层扭转曲面加工时，圆角 R 的值
#10 = -30 -15 * #1/11;                  每层扭转曲面加工时，需旋转的角
                                        度值
G68  X0  Y0  P[#10];
G01  X[#3]  F1500;
Z[ -#1]  F100;
Y[ -#3 +#4]  F1500;
G02  X[#3 -#4]  Y[ -#3]  R[#4];
G01  X[ -#3 +#4];
G02  X[ -#3]  Y[ -#3 +#4]  R[#4];
G01  Y[#3 -#4];
G02  X[ -#3 +#4]  Y[#3]  R[#4];
G01  X[#3 -#4];
G02  X[#3]  Y[#3 -#4]  R[#4];
G01  Y0;
G00  Z10;
G69;
#1 =#1 +0.05;                           下刀深度增量不宜太大，否则加工
                                        出来的表面很粗糙
ENDW;
G00  Z150  M09;
X0  Y0;
M30;
```

3. 加工结果

加工结果如图 11-8 所示。

图 11-8　扭转曲面加工成品

11.4　相贯线曲面加工

加工如图 11-9 所示的两圆柱相交的曲面，两半圆柱直径为 $\phi20$，圆角半径为 $R5$。

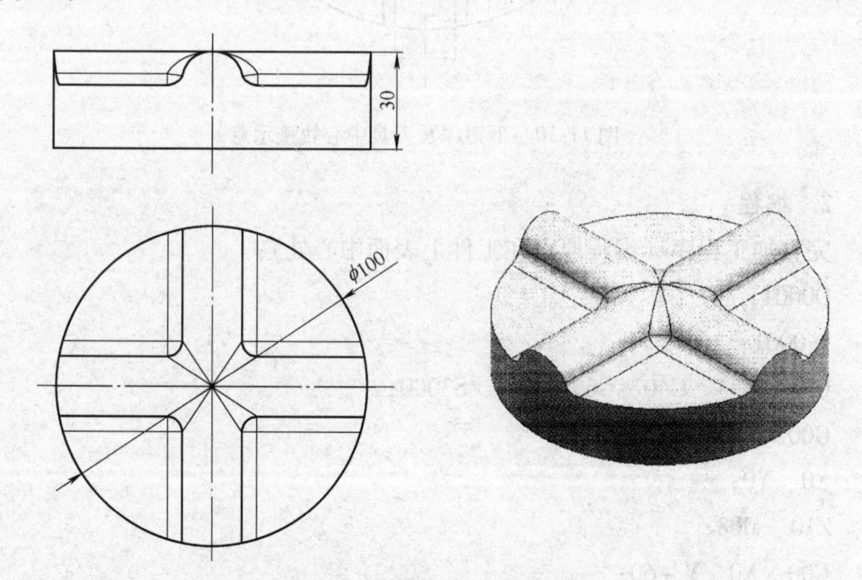

图 11-9　相贯线曲面加工图样

1. 零件图及工艺分析

因圆角半径为 $R5$，为编程方便，直接采用 $\phi10$ 球刀，刀具路径安排如图 11-10所示，某一下刀深度所对应的刀具中心轨迹即图 11-10 所示的粗虚线，相贯线圆角即自然形成。

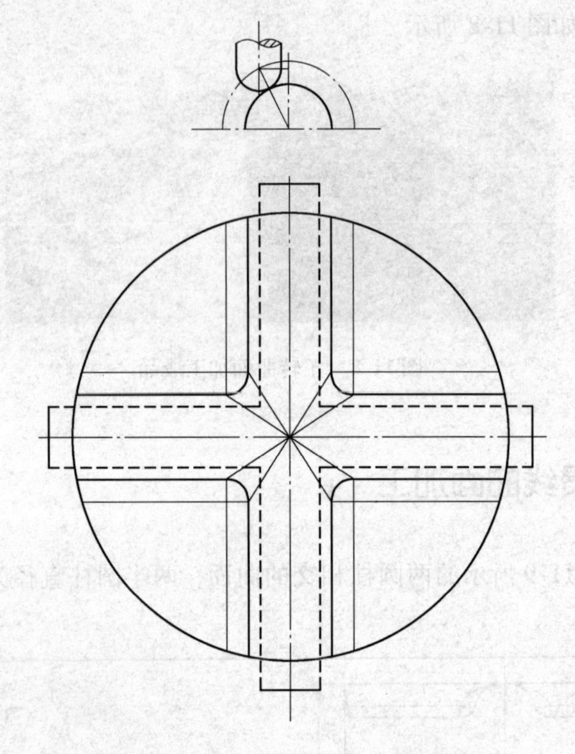

图 11-10　下刀深及刀具中心轨迹示意

2. 编程

完整加工程序（编程原点在工件上表面中心处）：

```
O0001;
%0001;
G90   G54   G40   G69   M03   S3000;
G00   Z100;
X0   Y0;
Z10   M08;
G00   X0   Y-60;
#1=0;                                          初始角度赋值
WHILE#1   LE90;
#2=SIN[#1*PI/180]*[10+5];                      每层加工时，X 坐标值
#3=[10+5]-[10+5]*COS[#1*PI/180];               每层加工时，Z 坐标值
```

```
G01  X[-#2]  F2000;
Z[-#3]  F500;
Y[-#2];
X-60;
Y[#2];
X[-#2];
Y60;
X[#2];
Y[#2];
X60;
Y[-#2];
X[#2];
Y-60;
X0;
#1=#1+2;
ENDW;
G0  Z150  M09;
M30;
```

3. 加工结果

加工成品如图11-11所示。

图11-11　相贯线曲面加工成品

11.5　正弦曲线加工

某企业的加工产品如图11-12所示，圆柱端面是由三维正弦曲线形成的曲面。

1. 数学分析

由图11-12可知，三维正弦曲线的方程为：

$xt = a\cos(360t)$

$yt = a\sin(360t)$

$zt = 3\sin(4 \times 360t)$

当a取一值时（a为圆弧半径），t从0变化到1，就能形成一条三维正弦曲线。不同的a值，就形成了若干条曲线，所以就设想刀具路径采用这一条曲线。

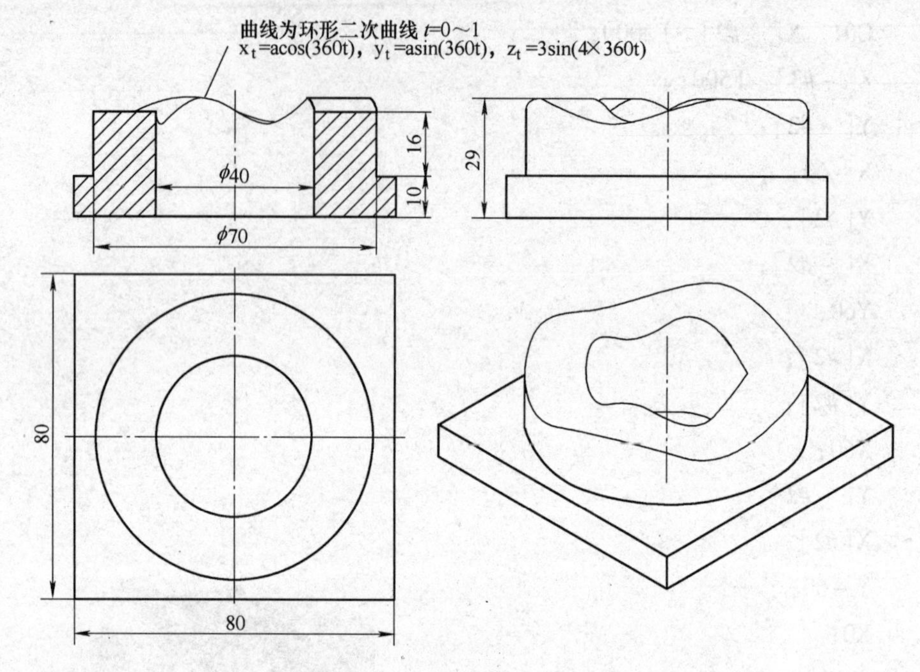

图 11-12　正弦曲线加工图样

2. 用 UG 软件绘制曲线

在 UG 表达式模块中，输入如表 11-1 所示的表达式。t 作为变量从 0 到 1 变化（系统内定的），a 与 b 代表不同的圆弧半径。

表 11-1　参数输入

工作表 在 Expression - model2.prt

	A	B	C
1	*Name*	*Formula*	*Value*
2	a	35	35
3	b	20	20
4	t	1	1
5	_xt1	=a*cos(360*t)	35
6	_xt2	=b*cos(360*t)	20
7	_yt1	=a*sin(360*t)	-1.6E-13
8	_yt2	=b*sin(360*t)	-9.4E-14
9	_zt1	=3*sin(4*360*t)	-5.6E-14
10	_zt2	=3*sin(4*360*t)	-5.6E-14

输入表达式后，用绘制规律曲线命令即可得图 11-13 所示的两条三维正弦曲线轮廓，很显然，刀具路径就可以采用该曲线轮廓。

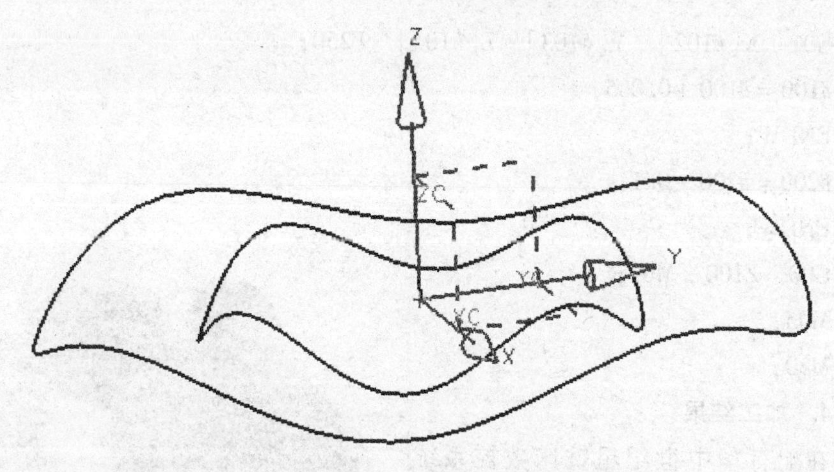

图11-13　刀具路径示意图

3. 编程

选取工件材料为45钢或铝，毛坯尺寸81mm×81mm×30mm（光坯）。因为ϕ70与ϕ40两部位加工的编程比较简单，在此认为已加工完成。圆柱轴端面加工采用R3球刀，程序结构采用双重循环。

完整加工程序（编程原点在工件上表面轴心处）：

```
O0003;
%0003;
G90  G54  G40  G69  M03  S1300;
G00  Z100;
X45  Y0;
Z-4  F100;
Z10  M08;
#200=35;                                  圆弧半径初值
#201=20;                                  圆弧半径终值
WHILE#200  GE#201;
#100=0;                                   t的初值
#101=1;                                   t的终值
WHILE#100  LE#101;
#102=COS[#100*360*PI/180]*#200;           X坐标
#103=SIN[#100*360*PI/180]*#200;           Y坐标
#104=3*SIN[4*#100*360*PI/180];            Z坐标
```

```
G01 X[#102] Y[#103] Z[#104] F250;
#100 = #100 + 0.005;
ENDW;
#200 = #200 - 0.1;
ENDW;
G00 Z100 M09;
M05;
M30;
```

4. 加工结果

在配有华中世纪星铣床数控系统（HNC-21M）的数控铣床上加工，结果如图 11-14 所示。

图 11-14　正弦曲线加工成品

11.6　三足圆鼎加工

某企业需要加工的零件如图 11-15 所示，近似古代的三足圆鼎。

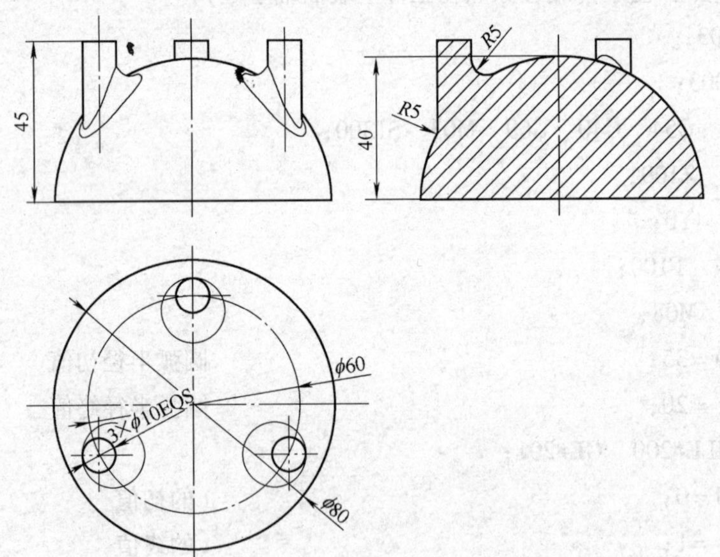

图 11-15　三足圆鼎加工图样

1. 零件图及工艺分析

分析图 11-15 所示的零件图，已知倒圆角为 *R*5，为计算方便，选取直径为10mm的球刀进行铣削加工。通过建模及测量得图11-16所示图形，设#1为角度变量，该值由0°~90°变化，当#1为26°和63°时，刀具与圆柱刚好相切。

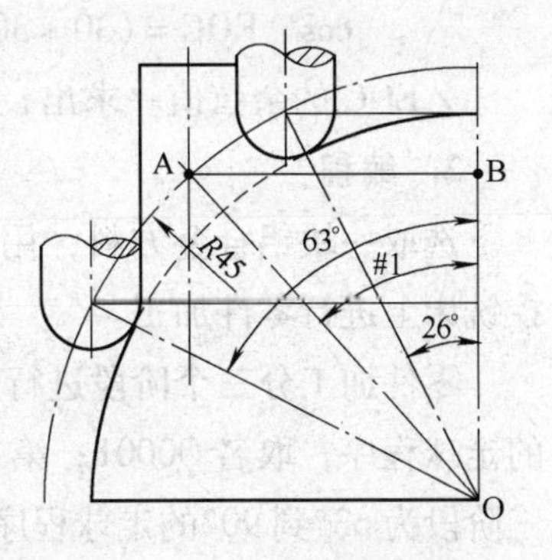

图11-16　刀具位置示意图

球类零件加工大家都比较熟悉，刀具轨迹为走圆轨迹，下刀深度至图11-16所示B处，圆半径为图11-16所示AB线段长，从上往下一层层环切。可参考章节10.3.1半球宏程序编制相关内容。

如图11-17所示，当#1=26°时，走刀轨迹为刀具中心轨迹1，图中只显示一半，实际是整圆。当#1≤26°时，即跟平常加工圆球方法一样。

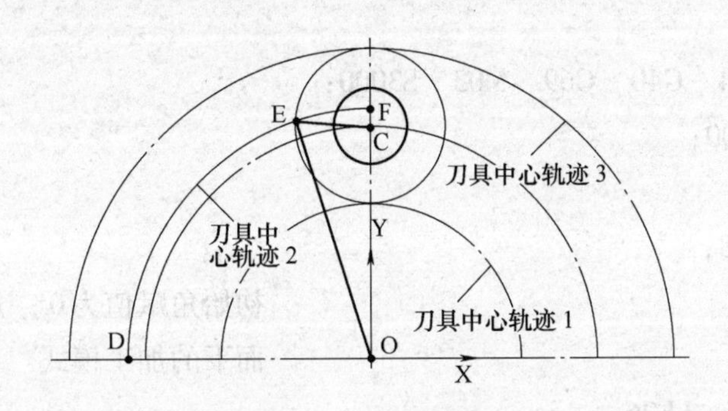

图11-17　走刀路线

当26°<#1<63°时，即刀具中心轨迹2，因为有圆柱存在，刀具中心轨迹只能是圆弧DE，不能继续走圆弧EF，否则导致圆柱过切。当#1=63°时，走刀轨迹为刀具中心轨迹3，同样当#1≥63°时，即跟平常加工圆球方法一样。

由以上分析可知，关键是当26°<#1<63°时，走刀轨迹如何安排？

规划思路如下：起始点为D点，沿圆弧走到终点E点，随着#1从26°~63°变化，把位置落在Y轴上的圆柱的左半侧加工出来。应用旋转变换编程指令，旋转120°两次，则另两根圆柱也各加工出一侧。接下来把刀具中心轨迹2按Y轴镜像，只要改变有关参数的正负号，就可以把位置落在Y轴上的圆柱的右半侧加工出来，同样应用旋转变换指令旋转120°两次，就能全部完成三根圆柱的加工。

如图11-17所示，当26°<#1<63°时，即刀具中心轨迹2，终点E坐标是关键点，由图11-15、图11-16、图11-17可知OD=OE=AB、OC=30、CE=

10，根据余弦定理得

$$\cos\angle EOC = (30*30+OE*OE-10*10)/(2*30*OE),$$

∠EOC 的余弦值一求出，E 点的直角坐标值就不难确定。

2. 编程

选取一块铝合金方料，用直径为 ϕ10 的球刀，在配有华中数控系统的数控铣床上进行零件加工。

零件加工分三个阶段进行，相应地编制出三个程序，第一阶段为 0°到 26°的走球程序，取名 O0001；第二阶段为 26°到 63°的走柱程序，取名 O0002；第三阶段为 63°到 90°的走球程序，取名 O0003。

参考程序：

```
O0001;                                    0°到26°的走球程序
%0001;
G90  G54  G40  G69  M03  S3000;
G00  Z100;
X0  Y0;
Z10  M08;
#1 =0;                                    初始角赋值为0°，加工采用自上
                                          而下的加工模式
WHILE#1  LE26;
#2 =SIN[#1*PI/180]*[40+5];                每层加工时，X 坐标值，[40+
                                          5] 即 [球面半径+刀具半径]
#3 =COS[#1*PI/180]*[40+5]-45;             每层加工时，Z 坐标值
G01  X[#2]  F2000;
Z[#3]  F200;
G2  I[-#2]  F2000;
#1 =#1 +0.5;                              为使球面有光泽，角度增量不宜
                                          过大
ENDW;
G0  Z150  M09;
X0  Y0;
M30;
```

```
O0002;                                          26°到63°的走柱程序
%0002;
G90  G54  G40  G69  M03  S3000;
G00  Z100;
X0  Y0;
Z10  M08;
M98  P2;                                        调用子程序
G68  X0  Y0  P120;                              旋转变换编程
M98  P2;
G68  X0  Y0  P240;
M98  P2;
G69;
G0  Z150  M09;
M30;
%2;
#1 =26;                                         走柱程序的起始角26°
WHILE#1  LE63;                                  走柱程序变量范围26°~
                                                63°
#23 =45 * SIN[#1 * PI/180];                     每层加工时,X坐标值,
                                                即半径OE值
#25 =45 * COS[#1 * PI/180] -45;                 每层加工时,Z深度值
#2 =[30 * 30 + #23 * #23 - 10 * 10]/[2 * 30 * #23];  余弦定理得到角度余弦值
#10 = #2 * #23;                                 E点的Y轴坐标
#11 =#23 * SQRT[1 - #2 * #2];                   E点的X轴坐标
G00  X[ -#23]  Y0;
Z10;
G1  Z[#25]  F200;
G02  X[ -#11]  Y[#10]  R[#23]  F200;
G0  Z10;
#1 =#1 +1;
ENDW;
G00  Z50;
```

```
X0  Y0;
M99;
```

注：此程序通过调用子程序及应用旋转变换编程指令加工出三根圆柱的各个半边。加工另半边时，只需把程序中的两行程序作如下改变：

G00X[-#23]Y0 替换为 G00X[#23]Y0；

G02X[-#11]Y[#10]R[#23]F2000 替换为 G02X[#11]Y[#10]R[#23]F2000；

改好后，就可进行另外半边圆柱的加工。

```
O0003;                          63°到90°的走球程序
%0003;
G90  G54  G40  G69  M03  S3000;
G00  Z100;
X0  Y0;
Z10  M08;
#1=63;
WHILE#1  LE90;
#2=SIN[#1*PI/180]*[40+5];
#3=COS[#1*PI/180]*[40+5]-45;
G01  X[#2]  F2000;
Z[#3]  F200;
G2  I[-#2]  F2000;
#1=#1+0.5;
ENDW;
G0  Z150  M09;
X0  Y0;
M30;
```

3. 加工结果

加工结果如图 11-18 所示。

图 11-18　三足圆鼎加工成品

课后习题

1. 用 ϕ8mm 的球刀加工图 11-19 所示的内球面，请编写出精加工程序，并说明粗加工是如何进行的？并完成仿真加工。

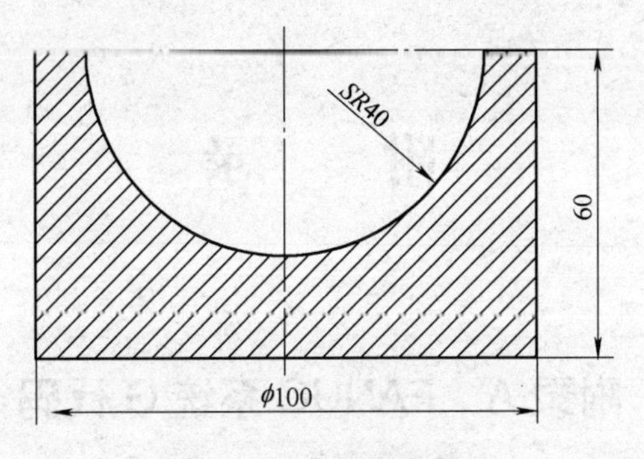

图11-19　内球面铣削

2. 加工如图11-20所示4mm宽的沟槽，弧（AB）的半径均匀增大。起始半径（CA）和终止半径（CB）分别是35mm和40mm。圆弧角度为60°，起始角为15°。坐标原点位于O点，弧中心点C坐标为（30，20），槽深为3 mm。要求写出UG软件所用的表达式，并编制出宏程序，最后进行验证。

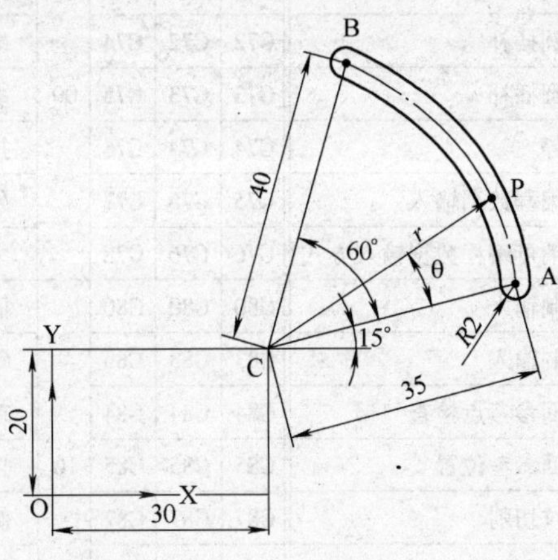

图11-20　变径槽铣削

附　　录

附录A　FANUC系统G代码

附表 A-1　FANUC 0i-T 数控车系统的 G 代码

<table>
<tr><th colspan="3">G代码</th><th rowspan="2">组</th><th rowspan="2">功 能</th><th colspan="3">G代码</th><th rowspan="2">组</th><th rowspan="2">功 能</th></tr>
<tr><th>A</th><th>B</th><th>C</th><th>A</th><th>B</th><th>C</th></tr>
<tr><td>G00</td><td>G00</td><td>G00</td><td rowspan="4">01</td><td>快速定位</td><td>G70</td><td>G70</td><td>G72</td><td rowspan="7">00</td><td>精加工循环</td></tr>
<tr><td>G01</td><td>G01</td><td>G01</td><td>直线插补</td><td>G71</td><td>G71</td><td>G73</td><td>外圆粗车循环</td></tr>
<tr><td>G02</td><td>G02</td><td>G02</td><td>顺圆插补</td><td>G72</td><td>G72</td><td>G74</td><td>端面粗车循环</td></tr>
<tr><td>G03</td><td>G03</td><td>G03</td><td>逆圆插补</td><td>G73</td><td>G73</td><td>G75</td><td>多重车削循环</td></tr>
<tr><td>G04</td><td>G04</td><td>G04</td><td rowspan="3">00</td><td>暂停</td><td>G74</td><td>G74</td><td>G76</td><td>排屑钻端面孔</td></tr>
<tr><td>G10</td><td>G10</td><td>G10</td><td>可编程数据输入</td><td>G75</td><td>G75</td><td>G77</td><td>外径/内径钻孔循环</td></tr>
<tr><td>G11</td><td>G11</td><td>G11</td><td>取消可编程数据输入方式</td><td>G76</td><td>G76</td><td>G78</td><td>多头螺纹循环</td></tr>
<tr><td>G20</td><td>G20</td><td>G70</td><td rowspan="2">06</td><td>寸制输入</td><td>G80</td><td>G80</td><td>G80</td><td rowspan="7">10</td><td>固定钻削循环取消</td></tr>
<tr><td>G21</td><td>G21</td><td>G71</td><td>米制输入</td><td>G83</td><td>G83</td><td>G83</td><td>钻孔循环</td></tr>
<tr><td>G27</td><td>G27</td><td>G27</td><td rowspan="2">00</td><td>返回参考点检查</td><td>G84</td><td>G84</td><td>G84</td><td>攻螺纹循环</td></tr>
<tr><td>G28</td><td>G28</td><td>G28</td><td>返回参考位置</td><td>G85</td><td>G85</td><td>G85</td><td>正面镗循环</td></tr>
<tr><td>G32</td><td>G33</td><td>G33</td><td rowspan="2">01</td><td>螺纹切削</td><td>G87</td><td>G87</td><td>G87</td><td>侧钻循环</td></tr>
<tr><td>G34</td><td>G34</td><td>G34</td><td>变螺距螺纹切削</td><td>G88</td><td>G88</td><td>G88</td><td>侧攻螺纹循环</td></tr>
<tr><td>G36</td><td>G36</td><td>G36</td><td rowspan="2">00</td><td>自动刀具补偿 X</td><td>G89</td><td>G89</td><td>G89</td><td>侧镗循环</td></tr>
<tr><td>G37</td><td>G37</td><td>G37</td><td>自动刀具补偿 Z</td><td>G90</td><td>G77</td><td>G20</td><td rowspan="3">01</td><td>外径/内径车削循环</td></tr>
<tr><td>G40</td><td>G40</td><td>G40</td><td rowspan="3">07</td><td>取消刀尖半径补偿</td><td>G92</td><td>G78</td><td>G21</td><td>螺纹车削循环</td></tr>
<tr><td>G41</td><td>G41</td><td>G41</td><td>刀尖半径左补偿</td><td>G94</td><td>G79</td><td>G24</td><td>端面车削循环</td></tr>
<tr><td>G42</td><td>G42</td><td>G42</td><td>刀尖半径右补偿</td><td>G96</td><td>G96</td><td>G96</td><td rowspan="2">02</td><td>恒表面切削速度控制</td></tr>
<tr><td>G50</td><td>G92</td><td>G92</td><td>00</td><td>坐标系或主轴最大速度设定</td><td>G97</td><td>G97</td><td>G97</td><td>恒表面切削速度控制取消</td></tr>
<tr><td>G52</td><td>G52</td><td>G52</td><td rowspan="2">00</td><td>局部坐标系设定</td><td>G98</td><td>G94</td><td>G94</td><td rowspan="2">05</td><td>每分钟进给</td></tr>
<tr><td>G53</td><td>G53</td><td>G53</td><td>机床坐标系设定</td><td>G99</td><td>G95</td><td>G95</td><td>每转进给</td></tr>
<tr><td colspan="3">G54 ~ G59</td><td>14</td><td>选择工件坐标系 1 ~ 6</td><td>—</td><td>G90</td><td>G90</td><td rowspan="2">03</td><td>绝对值编程</td></tr>
<tr><td>G65</td><td>G65</td><td>G65</td><td>00</td><td>调用宏指令</td><td>—</td><td>G91</td><td>G91</td><td>增量值编程</td></tr>
</table>

附表 A-2　FANUC 0i-M 数控铣系统的 G 代码

G 代码	组	功　能	
◤ G00	01	定位	
◤ G01		直线插补	
G02		圆弧插补/螺旋线插补 CW	
G03		圆弧插补/螺旋线插补 CCW	
G04	00	暂停，准确停止	
G05.1		预读控制（超前读多个程序段）	
G07.1（G107）		圆柱插补	
G08		预读控制	
G09		准确停止	
G10		可编程数据输入	
G11		取消可编程数据输入方式	
◤ G15	17	极坐标指令消除	
G16		极坐标指令	
◤ G17	02	选择 X_PY_P 平面	X_P：X 轴或其平行轴
◤ G18		选择 Z_PX_P 平面	Y_P：Y 轴或其平行轴
◤ G19		选择 Y_PZ_P 平面	Z_P：Z 轴或其平行轴
G20	06	英寸输入	
G21		毫米输入	
◤ G22	04	存储行程检测功能接通	
G23		存储行程检测功能断开	
G27	00	返回参考点检测	
G28		返回参考点	
G29		从参考点返回	
G30		返回第 2，3，4 参考点	
G31		跳转功能	
G33	01	螺纹切削	
G37	00	自动刀具长度测量	
G39		拐角偏置圆弧插补	
◤ G40	07	刀具半径补偿取消	
G41		刀具半径补偿，左侧	
G42		刀具半径补偿，右侧	
◤ G40.1（G150）	18	法线方向控制取消方式	

（续）

G代码	组	功能
G41.1（G151）	18	法线方向控制左侧接通
G42.1（G152）		法线方向控制右侧接通
G43	08	正向刀具长度补偿
G44		负向刀具长度补偿
G45	00	刀具位置偏置加
G46		刀具位置偏置减
G47		刀具位置偏置加2倍
G48		刀具位置偏置减1/2
◤G49	08	刀具长度补偿取消
◤G50	11	取消比例缩放
G51		比例缩放有效
◤G50.1	22	取消可编程镜像
G51.1		可编程镜像有效
G52	60	局部坐标系设定
G53		选择机床坐标系
◤G54	14	选择工件坐标系1
G54.1		选择附加工件坐标系
G55		选择工件坐标系2
G56		选择工件坐标系3
G57		选择工件坐标系4
G58		选择工件坐标系5
G59		选择工件坐标系6
G60	00/01	单方向定位
G61	15	准确停止方式
G62		自动拐角倍率
G63		攻螺纹方式
◤G64		切削方式
G65	00	宏程序调用
G66	12	宏程序模态调用
◤G67		取消宏程序模态调用
G68	16	坐标旋转有效
◤G69		取消坐标旋转

（续）

G代码	组	功　能
G73	09	深孔钻循环
G74		左旋攻螺纹循环
G76	09	精镗循环
◤ G80	09	取消固定循环、外部操作功能
G81		钻孔循环，锪镗循环或外部操作功能
G82		钻孔循环或反镗循环
G83		深孔钻循环
G84		攻螺纹循环
G85		镗孔循环
G86		镗孔循环
G87		背镗循环
G88		镗孔循环
G89		镗孔循环
◤ G90	03	绝对值编程
◤ G91		增量值编程
G92	00	设定工件坐标系或最大主轴速度箝制
G92.1		工件坐标系预置
◤ G94	05	每分进给
G95		每转进给
G96	13	恒周速控制（切削速度）
◤ G97		取消恒周速控制（切削速度）
◤ 98	10	固定循环返回到初始点
G99		固定循环返回到R点

附录B　FANUC系统与华中系统区别较大的相关指令用法简介

1. 数控车外圆粗车固定循环（G71）

适合加工轮廓形状单调变化的棒料毛坯。

格式：

G71　U(Δd)　R(e)

G71 P(ns) Q(nf) U(Δu) W(Δw) F(f) S(s) T(t)

N(ns)……

……

N(nf)……

Δd：切削深度（半径指定）；

e：退刀量；

ns：精加工形状程序的第一个段号；

nf：精加工形状程序的最后一个段号；

Δu：X方向精加工预留量的距离及方向（直径/半径）；

Δw：Z方向精加工预留量的距离及方向。

2. 数控车成型加工复式循环（G73）

适用于毛坯轮廓形状与零件轮廓形状基本接近时的粗车，用本循环可有效地切削已经用粗加工锻造或铸造等方式加工成型的工件。

格式：

G73 U(Δi) W(Δk) R(d)

G73 P(ns) Q(nf) U(Δu) W(Δw) F(f) S(s) T(t)

N(ns)……

……

N(nf)……

Δi：X轴方向退刀距离（半径指定）；

Δk：Z轴方向退刀距离；

d：分割次数，这个值与粗加工重复次数相同；

ns：精加工形状程序的第一个段号；

nf：精加工形状程序的最后一个段号；

Δu：X方向精加工预留量的距离及方向；（直径/半径）

Δw：Z方向精加工预留量的距离及方向。

3. 精加工循环（G70）

用G71、G73粗车削后，G70精车削。

格式：

G70 P(ns) Q(nf)

ns：精加工形状程序的第一个段号。

nf：精加工形状程序的最后一个段号。

4. 数车螺纹切削循环（G76）

格式：

G76　P(m)(r)(a)　Q(Δdmin)　R(d)

G76　X(u)　Z(w)　R(i)　P(k)　Q(Δd)　F(f)

m：螺纹精加工重复次数（01～99），用两位数指定；

r：倒角量，用两位数指定；

a：刀尖角度，可选择80°、60°、55°、30°、29°、0°，用两位数指定；

Δdmin：最小切削深度；

d：精加工余量；

u：螺纹终点X向坐标；

w：螺纹终点Z向坐标；

i：锥螺纹两端半径差；

k：螺纹牙高，这个值在X轴方向用半径值指定；

Δd：第一次切削深度（半径值）；

f：螺纹导程。

5. 数铣坐标系旋转（G68、G69）

格式：

$$\begin{Bmatrix} G17 \\ G18 \\ G19 \end{Bmatrix} \quad G68 \quad \begin{Bmatrix} X\_\_\ Y\_\_ \\ X\_\_\ Z\_\_ \\ Y\_\_\ Z\_\_ \end{Bmatrix} \quad R\_\_$$

；旋转角度华中系统用P

6. 循环语句

格式：WHILE[<条件式>]DOm；（m＝1，2，3）

…

ENDm

提示：符号“%”FANUC系统程序结束用，而华中系统程序开始用；FANUC系统子程序是一个独立的程序，不能跟在主程序后面；FANUC系统角度单位用（°）表示。

参考文献

[1] 丁昌滔. 数控加工编程与CAM [M]. 杭州：浙江科学技术出版社，2008.

[2] 余振华. 在Unigraphics NX环境下曲线方程式的应用 [J]. 机械制造与自动化，2006，35（4）：121-124.

[3] 付本国，张忠林，周家庆，等. UG NX4.0三维造型设计应用范例 [M]. 北京：清华大学出版社，2006.

[4] 陈秀宁. 机械设计基础 [M]. 杭州：浙江大学出版社，1994.

[5] 袁飞. 基于UG的规律控制曲线参数化设计与应用 [J]. 科技信息，2008，(34)：328.

[6] Tien-Chien Chang. 计算机辅助制造 [M]. 3版. 崔洪斌，译. 北京：清华大学出版社，2007.

[7] 金维法. 倾斜双曲线数控车加工探究 [J]. 中国西部科技，2011，10（9）：41-42.

[8] 王海林. 数控车床加工可变导程螺纹的编程方法 [J]. 金属加工：冷加工，2009（14）：65-66.

[9] 陈海舟. 数控铣削加工宏程序及应用实例 [M]. 北京：机械工业出版社，2007.

[10] 冯志刚. 数控宏程序编程方法、技巧与实例 [M]. 北京：机械工业出版社，2007.

[11] 刘创. #101刀具半径补偿变量功能在数控铣削中的应用 [J]. 装备制造技术，2009（5）：149-150.

[12] 何财林. 三维正弦曲线数控铣床加工探究 [J]. 中国西部科技，2011，10（23）：38-39.

[13] 叶海见. 斜椭圆数控车加工规律性探究 [J]. 新技术新工艺，2009（7）：16-18.

[14] 李锋. 数控宏程序实例教程 [M]. 北京：化学工业出版社，2010.